"十四五"测绘导航领域职业技能鉴定规划教材

图像判读技术

林雨准 王淑香 金飞 芮杰 邹慧君 编著

国防工业出版社
·北京·

内容简介

本书全面、系统地论述了遥感图像判读的理论和实践，介绍了图像判读的基本概念和发展历史；详细论述遥感及电磁波、光和颜色等基本知识，简要介绍了航空遥感图像和卫星遥感图像获取的相关知识；对遥感图像、全色图像、多光谱图像及雷达图像判读特性进行了系统描述；介绍了遥感图像判读原理、判读特征及图像判读基本流程和方法；对居民地、工农业和社会文化设施、交通运输设施、水系及附属设施、植被及地貌与土质等典型地形要素的判读特征和方法进行详细论述。

本书是测绘导航领域士兵职业技能鉴定摄影测量工种（图像判读方向）考核培训专用教材，可作为图像判读技术专业升级培训的基本教材，也可供遥感测绘、土地利用调查、遥感图像目视解释等相关岗位从业人员阅读参考。

图书在版编目（CIP）数据

图像判读技术 / 林雨准等编著. -- 北京：国防工业出版社，2025. -- ISBN 978-7-118-13648-7

Ⅰ. TP751.1

中国国家版本馆 CIP 数据核字第 2025PN0869 号

※

国防工业出版社出版发行
（北京市海淀区紫竹院南路23号　邮政编码100048）
三河市天利华印刷装订有限公司印刷
新华书店经售

*

开本 710×1000　1/16　印张 8½　字数 148 千字
2025 年 5 月第 1 版第 1 次印刷　　印数 1—1500 册　　定价 49.00 元

（本书如有印装错误，我社负责调换）

国防书店：（010）88540777　　书店传真：（010）88540776
发行业务：（010）88540717　　发行传真：（010）88540762

前言

随着遥感信息获取手段的不断丰富，如何在遥感"大数据"中及时准确地获取有效信息是急需解决的关键问题，故图像判读技术已逐步成为获取地理空间情报的主要手段。同时，重点地区的持续监测、关键目标的精细分析、突发事件的应急保障等众多应用场景，均不断驱动着该技术岗位的专业化进步，并对体系化、理论化的知识体系形成了客观需求。

针对这一背景现状，本书结合作者多年承担的教学科研任务，从遥感基础知识出发，建立了图像从平台获取到基本特性的多层次知识架构，为图像判读提供了技能训练的基础理论知识。同时，立足图像判读的基本原理、方法和特征，结合理论阐述与案例分析，为图像判读提供了岗位任职的专业理论知识。

本书共 5 章。其中，绪论介绍遥感图像判读的概念及其历史和现状；遥感图像获取涵盖相关基础知识和航空、卫星遥感图像获取等内容；遥感图像及其判读特性包括遥感图像分辨率与分类、各类图像及其判读特性等内容；遥感图像判读原理与方法包含判读原理、七大判读特征以及判读的基本流程和方法等内容；地形要素判读则围绕居民地、工农业和社会文化设施、交通运输设施等典型地形要素的判读依据和判读案例展开分析。

本书的编写工作能够顺利完成，得益于每一位编写团队成员的辛勤付出和紧密合作。根据各自的专业背景和研究方向进行了合理的分工。其中，林雨准负责统稿及第 1 章和第 4 章的撰写，王淑香负责第 3 章的撰写和校稿，金飞负责第 5 章的撰写，芮杰负责第 2 章的撰写，邹慧君承担了图像素材的搜集和整理工作。戴晨光教授对本书进行了审阅，提出了大量宝贵的意见和建议，在此表示衷心的感谢。

本书为"十四五"测绘导航领域职业技能鉴定规划教材系列丛书之一。本书的出版得到了信息工程大学地理空间信息学院出版基金的资助。

作者力求使本书在内容上简明扼要，理论与实践相结合。然而由于作者水平所限，不足之处在所难免，敬请读者批评指正。

作 者
2024 年 8 月

目录

第1章　绪论 ·· 1
　　思考题 ·· 4
第2章　遥感图像获取 ·· 5
　2.1　遥感基本知识 ·· 5
　　2.1.1　遥感基本概念 ··· 5
　　2.1.2　遥感分类 ··· 6
　　2.1.3　遥感技术系统 ··· 8
　　2.1.4　遥感平台 ··· 9
　　2.1.5　遥感器及其成像 ·· 10
　2.2　电磁波与电磁波谱基本知识 ·· 17
　　2.2.1　电磁波与电磁波谱 ··· 17
　　2.2.2　地物的电磁波发射特性 ·· 19
　　2.2.3　地物的电磁波反射特性 ·· 21
　2.3　光和颜色的基本知识 ·· 24
　　2.3.1　光和颜色 ··· 24
　　2.3.2　颜色的性质 ·· 25
　　2.3.3　颜色立体 ··· 27
　2.4　航空遥感图像获取 ··· 28
　　2.4.1　航空摄影 ··· 28
　　2.4.2　航空侦察摄影 ··· 29
　　2.4.3　常用的航空遥感图像 ··· 30
　2.5　卫星遥感图像获取 ··· 31

2.5.1　遥感卫星轨道参数 ································ 32
　　2.5.2　几种遥感卫星简介 ································ 34
　　2.5.3　遥感卫星地面接收站 ······························ 36
思考题 ·· 38

第3章　遥感图像及其判读特性 ···················· 39
3.1　遥感图像分辨率 ······································· 39
　　3.1.1　空间分辨率 ····································· 39
　　3.1.2　光谱分辨率 ····································· 40
　　3.1.3　辐射分辨率 ····································· 41
　　3.1.4　时间分辨率 ····································· 41
3.2　遥感图像分类 ··· 42
3.3　全色图像及其判读特性 ································ 42
　　3.3.1　全色图像 ······································· 42
　　3.3.2　全色图像判读特性 ······························· 43
3.4　多光谱图像及其判读特性 ····························· 43
　　3.4.1　多光谱图像 ····································· 43
　　3.4.2　多光谱图像判读特性 ····························· 46
3.5　彩色图像及其判读特性 ································ 47
　　3.5.1　自然彩色图像及其判读特性 ······················ 48
　　3.5.2　合成假彩色图像及其判读特性 ···················· 48
3.6　侧视雷达图像及其判读特性 ··························· 50
3.7　图像处理基本知识 ····································· 52
　　3.7.1　图像增强处理 ··································· 52
　　3.7.2　多光谱图像融合 ································· 53
思考题 ·· 54

第4章　遥感图像判读原理与方法 ···················· 55
4.1　遥感图像目视判读的原理 ····························· 55
　　4.1.1　遥感图像目标识别特征 ··························· 55
　　4.1.2　目视判读的生理基础 ····························· 56
　　4.1.3　目视判读的心理基础 ····························· 59
　　4.1.4　目视判读的认知过程 ····························· 60
4.2　遥感图像判读特征 ····································· 61
　　4.2.1　形状特征 ······································· 62

4.2.2　大小特征 ··· 65
　　4.2.3　色调和色彩特征 ····································· 66
　　4.2.4　阴影特征 ··· 69
　　4.2.5　纹形图案特征 ·· 71
　　4.2.6　位置布局特征 ·· 73
　　4.2.7　活动特征 ··· 74
　4.3　遥感图像判读基本流程与方法 ····························· 74
　　4.3.1　遥感图像判读作业基本流程 ························· 75
　　4.3.2　遥感图像判读基本方法 ······························ 76
　4.4　影响判读效果的因素 ·· 78
　思考题 ·· 80

第5章　地形要素判读 ·· 81
　5.1　地形要素分类与编码 ·· 81
　5.2　居民地判读 ··· 83
　　5.2.1　房屋式居民地判读 ···································· 83
　　5.2.2　窑洞式居民地判读 ···································· 85
　　5.2.3　其他类型居民地判读 ································· 86
　5.3　工农业和社会文化设施判读 ································ 86
　　5.3.1　矿山开采设施判读 ···································· 87
　　5.3.2　工厂判读 ··· 89
　　5.3.3　农牧渔业设施判读 ···································· 95
　　5.3.4　社会文化设施判读 ···································· 96
　5.4　交通运输设施判读 ·· 98
　　5.4.1　道路及附属设施判读 ································· 98
　　5.4.2　管线判读 ·· 102
　5.5　水系及附属设施判读 ······································· 104
　　5.5.1　岸线与岸 ·· 104
　　5.5.2　陆地水系及附属设施判读 ·························· 105
　　5.5.3　海洋要素判读 ·· 107
　　5.5.4　航运设施判读 ·· 109
　5.6　植被判读 ·· 113
　　5.6.1　林地判读 ··· 113
　　5.6.2　耕地与草地判读 ····································· 116

5.7 地貌与土质判读 …………………………………………………… 117
　5.7.1 地貌判读 ………………………………………………… 118
　5.7.2 土质判读 ………………………………………………… 124
思考题 ……………………………………………………………… 126

参考文献 …………………………………………………………… 127

第1章
绪 论

自 20 世纪 60 年代以来，航天技术、传感器技术、控制技术、电子技术、计算机技术及通信技术的迅速发展，大大推动了遥感技术的发展。现代遥感技术已经进入一个能动态、快速、多平台、多时相、高分辨率地提供对地观测数据的新阶段。各种先进的对地观测系统源源不断地向地面提供着丰富的数据源。如何从海量遥感数据中及时、准确地获取所需信息并加以利用，这是遥感图像判读所要解决的问题。

遥感图像判读，通常也称为遥感图像解译、遥感图像解释、遥感图像判译等。遥感图像判读就是对遥感图像上的各种特征进行综合分析、比较、推理和判断，最后提取出各种地物目标信息的过程。

根据判读的目的、任务不同，遥感图像判读可分为地形判读、军事目标判读、地质判读、森林判读及其他专业领域的判读。地形判读主要研究地形要素的判读，是其他专业判读的基础。

遥感图像判读主要包括目视判读、人机交互判读、基于知识的遥感图像判读、遥感图像智能判读（自动判读）等。

在"遥感"技术用语未被创造出来以前，遥感图像判读一般称为像片判读。因此，像片判读的发展历史，也可以认为是遥感图像判读的历史。而像片判读，是伴随着摄影技术的发展而发展的。

像片判读技术经历了如美国摄影测量与遥感学会出版的《相片判读手册》（第二版）所总结的第二次世界大战前、第二次世界大战期间、1945—1960 年期间、空间时代起步时期以及空间时代发展时期五个阶段。

1. 第二次世界大战前

这个时期是像片判读技术的起步阶段。像片判读技术在应用需求的驱动下发展，也受到了摄影技术发展的重要影响，而且不可能超前于摄影技术的发展。从这个角度出发，以下的事件值得在此提及。1858 年，摄影师 Gaspard Felix Tournachon 从几百米高的气球上拍摄了覆盖法国 Petit Bicetre 村子的第一张空中照片，可以认为是人类对地球观测的开始，此后，还有人利用风筝、鸽子等作为摄影平台拍摄地面照片。1897 年，首次报道了一位德国不知名的林业工作者，试图利用空中摄影方法进行林木调查的事件，可以认为是最早以自然资源调查为目的的空中像片判读试验。1909 年 4 月 24 日，Wilbur Wright 在飞越意大利 Centocelli 上空时，获得了世界上第一张从飞机上拍摄的航空像片。接着，在 1913 年的国际摄影测量学会会议上，Tardivo 上尉展示了第一张从飞机上拍摄的用于制图目的的航空像片。然而，真正实用的航空摄影技术始于第一次世界大战。当时，航空摄影侦察为法国、英国和德国等交战双方所重视，都投入了大量人力、物力为军队提供摄影设备，研究摄影及其处理技术和判读技术等，而且都拍摄到了对方的大量航空照片。航空摄影使大量军事设施暴露无遗，其判读准确度达到 90%，定期拍摄的航空照片揭示了军队调动状况和态势变化，有力地影响了战争的进程。战后，美国、加拿大、德国等国军用技术解密和转让，推动了民用航空摄影及其判读技术在土壤调查、森林资源调查、地质资源调查、地形制图等领域的应用和发展。

2. 第二次世界大战期间

在第一次世界大战期间，航空摄影技术的发展与应用，为其后续的发展提供了巨大的推动力。第二次世界大战的情况也是如此。它使航空摄影及其像片判读技术迅速地进入成熟阶段。在第二次世界大战期间，航空摄影胶片、相机技术、像片分析能力的显著改进，以及航空像片判读在战争中大量而成功的应用，是在航空摄影技术发展史中的两个最重要贡献。

1941 年，假彩色伪装识别胶片和高质量航空相机的出现和应用，促进了像片判读分析技术的发展。像片判读标志科学概念的出现和实际应用，使判读人员能够从容地、有效地应对各种复杂多变的判读对象和判读任务。

在二战前，德国人声称"具有最佳像片判读能力的国家将赢得下一场战争"。可见航空判读的重要性及意义的重大。交战双方都把它作为获取对方军事情报最为重要，甚至是唯一的手段来源。当时，盟军对敌占区的情报有 60%~90% 来自航空像片判读。许多重大战役，如 1940 年粉碎德国进攻英伦三岛的部署、1942 年的斯大林格勒保卫战、1942 年的所罗门战役、1944 年的盟军诺曼底登陆等重大战役，都是依靠航空像片判读所得到的情报而成为克敌制胜的范例。概括起来，航空像片判读在战争中发挥的作用，表现在三个方面：第一，侦察敌国的领土情报和行动态势，包括了解敌方有关军事力量、设施、活动以及人力、物力部署和变化等重要情报；第二，绘制敌占区地图，引导轰炸机部队、特遣部队、进攻部队攻击特定目标；第三，记录空中轰炸、炮兵轰击之类的活动，精确评估打击效果，以便改进攻击效果。

3. 1945—1960 年期间

在这个时期，像片判读技术进入了技术转型期。首先，二战结束后，大量的军队像片判读人员复员，他们大多数转向从事自然资源，如地质、林业、牧业、土壤、水文、农业和工程等领域的像片判读工作，这种转型推动了像片判读技术这一军事技术向经济领域的渗透和发展，也奠定了像片判读在摄影测量学科的地位和作用。其次，美国和苏联都在大力发展从直升机、高空侦察机到航天飞船等新型平台，以及新型传感器和各种先进的感光材料。与此同时，像片判读的重点仍放在判读标志的研究上，但所使用的判读技术却迅速地从直接对高空间分辨率的航空像片进行目视分析，转向用计算机对低空间分辨率的空中图像进行辅助分析。此外，像片判读技术在军用、民用领域里的应用都取得了显著的进展。例如，像片判读在美国处理古巴导弹危机中发挥了重要作用。像片地质学，尤其是在地形和地表物质的像片判读方面取得了长足进展。

4. 空间时代起步时期

《相片判读手册》所讲述的这个阶段主要覆盖了1960年至20世纪80年代初的一段时间。在此期间，各种飞船的轨道摄影及其像片判读技术得到迅速的发展。与此同时，第一颗气象卫星（TIROS–1）于1960年发射升空，开创了具有低空间分辨率成像系统和稳定、重复收集数据能力的气象/环境卫星系列。1972年7月，美国发射了 ERTS 地球资源卫星，携带着电视摄像机和多波段扫描仪等遥感器，从轨道上源源不断地发回有关地面的多波段图像，推动了计算机图像数据处理和分类技术的发展，也使轨道图像的应用深度和广度达到一个前所未有的水平。在这个时期，基于像元的遥感图像数字处理技术的迅速发展和广泛应用，是遥感图像判读技术发展最为显著的特点，也是判读技术发展史重要的里程碑。

5. 空间时代发展时期

从20世纪80年代中、后期至今，属于空间时代的快速发展期。新一代遥感器和卫星平台不断涌现，地理信息系统和数字网格等技术进入遥感及其图像判读领域，遥感图像的动态应用及其不同层次的遥感信息产品正在成为各部门管理决策、普通大众工作生活的必需品。1986年以来，多平台、多传感器、多光谱、多尺度的遥感图像，从卫星源源不断地发回地面。然而，这些数据的应用状况，正如美国前副总统戈尔所说："当今，我们面临着这样一个问题，一边是对知识的饥渴,另一边却是大量的数据闲置而未得到利用"。因此,如何从海量的遥感数据中高效、准确地提取有用的信息,已经成为遥感技术发展和应用的重大瓶颈问题之一,也是全球相关领域科学家关心的热点研究问题。随着应用的牵引,以及遥感工作者的不懈努力,遥感图像判读技术的应用已进入了以动态、准实时、全天候、高精度、大范围、多技术集成的时代,其提取出来的信息已经与管理决策、日常生活息息相关。

在民用领域里,针对全球变化认知研究的地球系统科学研究计划,涉及大量数据分析判读方面的问题。国内进行的全国资源环境遥感调查和动态监测,基于网格的洪涝灾情遥感速报系统,全国农业行情遥感速报系统等项目,在遥感图像判读方面也取得了许多可圈可点的重大成果。

在军用领域里,遥感及其判读技术的应用,海湾战争是最好的例子。当时,组成网络的美国侦察卫星确保每隔两天能够获取战场同一地区、精确重复的遥感图像。这些数据通过卫星数据系统转发回美国,由美国空军及中央情报局的国家像片判读中心(National Photo Interpretation Center)进行分析判读,很快就可以得出这两天里该地区各种军事目标的变化情况,这些情报再通过专用的保密通信卫星线路,发送到海湾地区的多国部队中央指挥部。整个数据接收、处理、回送过程,只需要 10~60min。为此,美国在海湾战争初期就专门开发了能接近实时、实地、使这些遥感图像转化为军事情报的各种技术,使有关人员能够在办公室里,观察伊拉克军队的军事目标,观察作战部队在沙漠里调动的态势及变化情况。这种例子还很多,如引起全世界瞩目的伊朗核危机、朝鲜核危机、阿富汗战争等,遥感及遥感图像判读在其中起到了举足轻重的作用。

思考题

1. 什么是遥感图像判读?
2. 遥感图像判读的发展经历了哪些阶段?

第 2 章 遥感图像获取

遥感图像本身的特性取决于遥感图像的形成过程，因此，了解遥感成像机理的相关知识和遥感图像的获取过程对于遥感图像判读有重要的意义。本章主要介绍遥感与遥感技术系统、地磁波与电磁波谱、光与颜色的基本知识，以及航空遥感图像、卫星遥感图像获取的基本方法。

2.1 遥感基本知识

2.1.1 遥感基本概念

遥感（Remote Sensing），从字面上理解，其意思为"遥远的感知"，通常认为是在不接触物体的情况下，对物体进行探测，来感知它的几何属性和物理属性。也有这样一种理解，"遥"是空间概念，"感"是信息系统，遥感技术就是指一种非接触的测量和识别技术。所以，人眼看到远处的物体，就是一种生物遥感，伽利略用自制的望远镜观测星空、普通照相机照相等都属于遥感的范畴。

遥感是一种远距离的、非接触的目标探测技术和方法。通过对目标进行探测，获取目标的信息，然后对所获取的信息进行加工处理，从而实现对目标定位、定性或定量的描述。由于地面目标的种类及其所处环境条件的差异，地面目标具有反射和辐射不同波长电磁波信息的特性，遥感正是利用地面目标反射和辐射电磁波的固有特性，通过观察目标的电磁波信息，以达到获取目标的几何信息和物理属性的目的。

目前，对遥感较为简明的定义是：从不同高度的平台上，使用遥感器收集物体的电磁波信息，再将这些信息传输到地面并进行加工处理，从而达到对物体进行识别和监测的全过程。

遥感过程涵盖了遥感信息的获取、传输、处理及其分析应用的全过程，如图 2-1 所示。A 表示能源或光源，B 表示电磁波辐射和大气层，C 表示电磁波与地面目标的作用，D 表示传感器记录电磁波能量，E 表示信息发射、接收和处理，F 表示图像信息识别和分析，G 表示应用。

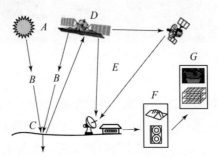

图 2-1　遥感数据采集与处理过程示意图

从遥感定义来看，遥感对象、传感器、信息传播媒介和遥感平台构成了遥感技术的4个必不可少的要素。

（1）遥感对象：是指被感测的事物，如陆地、海洋等。

（2）遥感器：也可称为传感器，能感测事物并能将感测的结果传递给使用者的仪器，如摄影机、雷达等。

（3）信息传播媒介：是指在对象和传感器之间起信息传播作用的媒介，如电磁波、声波、重力场、磁力场、电力场、地震波等。

（4）遥感平台：指装载传感器并使之能有效地工作的装置，也称为运载工具，如车辆、飞机、卫星、航天飞机等。

2.1.2　遥感分类

通常，遥感分类可按遥感对象、遥感应用的空间尺度、遥感平台高度、遥感图像的成像波段、传感器接收信号的来源和方式、遥感应用专业等进行分类。

1. 按遥感对象分类

按遥感对象进行分类，可分为宇宙遥感、地球遥感、资源遥感和环境遥感。

（1）宇宙遥感是对宇宙中的天体和其他物质进行探测，如我国探月工程中的月球表面遥感等。

（2）地球遥感是对地球和地球上的事物进行遥感，学术界也将它称为对地观测（EOS），它也是目前遥感科学的重点研究内容。地球遥感可细分为资源遥感和环境遥感。

（3）资源遥感是以地球资源作为调查研究对象的遥感方法和实践，调查自然资源状况和监测再生资源的动态变化，是遥感技术应用的主要领域之一。利用遥感信息勘测地球资源成本低、速度快，有利于克服自然界恶劣环境的限制，减少勘测投资的盲目性。

（4）环境遥感是利用各种遥感技术，对自然与社会环境的动态变化进行监测或做出评价与预报的统称。由于人口的增长与资源的开发利用，自然与社会环境随时都在发生变化，利用遥感多时相、周期短的特点，可以迅速为环境监测，评价和预报提供可靠依据。

2. 按应用空间尺度分类

按应用空间尺度分类，有全球遥感、区域遥感和城市遥感等。
（1）全面系统地研究全球性资源与环境问题的遥感统称为全球遥感。
（2）以区域资源开发和环境保护为目的的遥感信息工程，它通常按行政区划（国家、省区等）和自然区划（如流域）或经济区进行，这类遥感称为区域遥感。
（3）以城市环境、生态作为主要调查研究对象的遥感工程称为城市遥感。

3. 按平台高度分类

按平台高度分类，是根据遥感器搭载平台的离地面的高度来进行分类，大体上可分为地面遥感、航空遥感和航天遥感。
（1）地面遥感是指平台（车辆、舰船、三脚架等）在距地面100m以下的遥感。
（2）航空遥感又称机载遥感，是指在飞机（无人机、飞艇、热气球）飞行高度上对地球表面的遥感。它的特点是灵活性大、图像空间分辨率高。
（3）航天遥感又称星载遥感，是指从人造卫星轨道高度上（包括卫星、航天飞机、宇宙飞船、航天空间站等）对地球表面的遥感。它的特点是宏观性好，可重复观测，不受自然环境因素的限制，也不受跨越国界等条件的限制。

4. 按遥感成像波段分类

按遥感图像成像波段分类，分为可见光遥感（波长为$0.4 \sim 0.7 \mu m$）、红外遥感（波长为$0.7 \mu m \sim 1mm$）、微波遥感（波长为$1mm \sim 1m$）、紫外遥感（波长为$10nm \sim 0.4 \mu m$）等。

5. 按波段宽度及波谱的连续性分类

按波段宽度及波谱的连续性分类，可分为高光谱遥感、多光谱遥感、常规遥感。

（1）高光谱遥感是指使用成像光谱仪将电磁波的紫外、可见光、近红外、中红外区域分解为数十至数百个狭窄的电磁波波段（波段宽度通常小于10nm），并产生光谱连续的图像数据的遥感。

（2）多光谱遥感是指利用多通道遥感器（如多光谱相机、多光谱扫描仪和多光谱成像仪等），将较宽波段的电磁波分成几个较窄的波段，通过不同波段的同步摄影或扫描，分别取得几张同一地面景物同一时间的不同波段图像，从而获得地面信息的遥感技术。

6. 按传感器接收信号的来源和方式分类

按传感器接收信号的来源和方式分类，分为主动遥感和被动遥感。

（1）主动遥感也称有源遥感，是指从遥感平台上的人工辐射源向目标发射一定形式的电磁波，再由遥感器接收和记录其反射波的遥感系统，如雷达成像仪、激光成像仪遥感。

（2）被动遥感也称无源遥感，是指用遥感器从远距离接收和记录物体自身发射或反射太阳辐射的电磁波信息的遥感系统，如光学遥感系统。

7. 按不同应用领域分类

作为一种先进有效的技术手段，遥感技术已经渗透到许多专业领域，并得到很好的应用效果，所以出现了以应用专业名称命名的遥感，如环境遥感、海洋遥感、林业遥感、地质遥感、气象遥感、城市遥感和军事遥感等，这些名称都是按遥感在专业领域应用分类而产生的新名词。

2.1.3 遥感技术系统

将遥感技术和方法应用到某个领域便构成了一个遥感技术系统。一个完整的遥感技术系统通常由三部分组成：空基系统、地基系统和研究技术支持系统。

空基系统完成遥感数据的采集和传输工作，主要包括遥感平台、各种传感器、监控系统和数据传输系统等。地基系统主要完成遥感数据的接收、处理存档、分发和应用开发工作。研究技术支持系统主要完成定标、地面试验、光谱数据测量等基础性工作以及与遥感发展和应用密切相关的技术研究和开发任务。

遥感技术的三个组成部分既有分工，又相互紧密联系，共同完成遥感技术系统对地面进行探测、目标定位、定性或定量描述的目的。遥感技术系统功能结构图如图2-2所示。

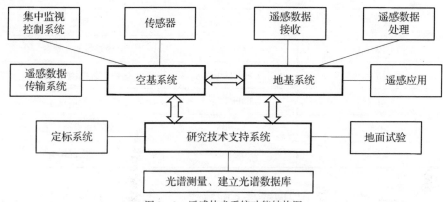

图2-2 遥感技术系统功能结构图

从遥感技术系统的结构和功能来看，遥感技术的研究内容非常广泛，它涉及电磁波理论、航空航天平台技术、传感器理论、信号接收和处理技术、遥感信息处理技术以及有关应用领域的专业知识等许多学科的内容。从应用的角度看，遥感图像的成像机理、各类遥感图像的几何特性和物理特性、遥感图像的处理原理和应用方法等，是各专业应用领域需要了解和掌握的重点。

2.1.4 遥感平台

遥感平台是指装载传感器并使之能有效地工作的装置，如车辆、飞机、卫星、航天飞机等能够运动的平台。

遥感平台按高度分类：地面平台、航空平台和航天平台，如表2-1所列。

表2-1 可利用的遥感平台

遥感平台	高度	目的和用途
静止卫星	36000km	定点地球观测、侦察
地球观测卫星	500~1000km	定期地球观测、侦察
航天飞机	240~350km	不定期地球观测、侦察
空间站	200~300km	地球观测、侦察

续表

遥感平台	高度	目的和用途
高空喷气机（大型无人机）	10000~12000m	侦察
中低高度飞机（中型无人机）	500~8000m	摄影测量、侦察
飞艇	500~3000m	侦察
直升机	100~2000m	侦察
小型无人机	500m以下	摄影测量、侦察
牵引滑翔机	50~500m	各种调查
系留气球	800m以下	各种调查
吊车	5~50m	近距离摄影测量
地面测量车	0~30m	地面实况调查

（1）地面平台：置于地面或水上的装载遥感器的固定或移动的装置。地面平台包括车辆、舰船、三脚架、手持遥感器等，距地面高度100m以下。

（2）航空平台：高度在30km以内的遥感平台。航空平台包括飞机（含无人机、滑翔机）和气球（含飞艇、热气球）两种，它的特点是机动灵活、图像分辨率高、资料回收方便。

（3）航天平台：高度在150km以上的遥感平台。航天平台主要包括卫星、航天飞机、宇宙飞船、航天空间站等，它的特点是可以对地球进行宏观的、综合的、动态的、快速的观察。

2.1.5 遥感器及其成像

遥感器是指能感测事物并能将感测的结果传递给使用者的仪器。

遥感器由收集器、探测器、处理器、输出器等四部分组成，如图2-3所示。遥感器的性能决定了遥感的能力。

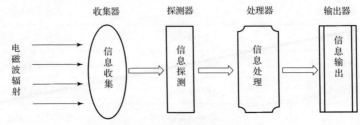

图2-3 遥感器组成示意图

（1）收集器。收集器是指收集来自地物辐射能量的器件，常用作收集器的器件有透镜组、反射镜组、天线等。如果进行多波段遥感，收集器中还包括按波段分波束的元件，一般采用各种色散元件和分光元件，如滤色片、分光镜和棱镜等。

（2）探测器。探测器是指将收集的辐射能量转变为化学能或电能的器件，如摄影感光胶片、光电二极管、光敏和热敏探测元件等。它们可探测到目标电磁波辐射的强弱，不同的探测元件有不同的使用波段。

（3）处理器。处理器是指将探测后的化学能或电能等信号进行处理，即将数字信号放大、增强或调制的器件，如胶片的显影及定影，电信号放大、变换、甚至校正和编码元件等。

（4）输出器。输出器是指将获取的遥感图像信息记录输出的器件。遥感图像的记录一般分为直接与间接两种方式。直接记录方式主要有摄影胶片，间接记录方式一般记录在存储介质，然后经过数模转换为显示图像。

遥感信息获取的关键是遥感器。目前，用于成像遥感的遥感器均为数字型遥感器，常见的成像遥感器有面阵摄影机（相机）、摄像机、推扫式扫描相机、合成孔径雷达等。

1. 面阵摄影机（相机）及其成像

面阵摄影机（相机），也可称为画幅式或称框幅式摄影机，它的成像原理是：地面物体的反射和辐射电磁波通过一个固定的投影中心（镜头），投影到以光敏探测器（CCD 或 CMOS）元件组成的像平面，再经过处理器变换为数字图像信息，然后记录在存储介质或显示在屏幕上，如图 2-4 所示。

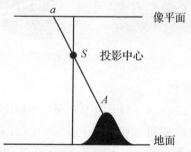

图 2-4 面阵摄影机（相机）成像示意图

日常使用的普通数码照相机、单反数码照相机、手机内置的数码相机均属于面阵摄影机。航空摄影、航空侦察摄影、无人机侦察摄影通常也使用面阵摄影机作为遥感器。

对于测绘用的航空数码摄影机，必须具备镜头畸变小，解像力高，光轴与像面正交，可以精密测量出光轴与像面的位置关系，大面阵等特点。但由于受数码面阵加工工艺的限制，目前无法制造出超大的数码面阵，为了解决大面阵问题，采用多台相机组合，摄影时多台相机同时曝光，多幅图像经过辐射与几何纠正处理，拼接成等效的大面阵图像。目前，用于航空摄影的遥感器 DMC、UCD 和 SWDC 等型号，均采用该技术。

1）DMC 航空数码相机

DMC 数码相机（Digital Mapping Camera，DMC）是 Z/I 公司推出的大面阵航空数码相机，DMC 航空数码相机如图 2-5 所示。DMC 由 4 台灰度图像的全色相机和 4 台多光谱相机组成，摄影时相机同时曝光。4 台全色相机倾斜安装，互成一定的角度，图像间有 1% 的重叠度。DMC 的像元尺寸为 12μm，焦距为 120mm，图像尺寸为 7680 像素×13824 像素，最大连拍速度为 2s/幅，可以获取全色的航空遥感图像和四个波段的多光谱图像。四个多光谱波段中的红、绿、蓝波段能够合成为自然彩色图像，近红外波段与其他波段图像可合成假彩色图像。

图 2-5 DMC 航空面阵数码相机

2）UCD 航空数码相机

UCD 数码相机（UltraCAM - D，UCD）是 Vexcel 公司推出的大面阵航空相机。UCD 航空面阵数码相机如图 2-6 所示。UCD 相机由 8 个独立的相机（4 台全色相机和 4 台多光谱相机）构成。UCD 全色相机的焦距为 100mm，像元尺寸为 9μm，图像尺寸为 11500 像素×7500 像素；4 个多光谱相机焦距为 28mm。UCD 相机也可同时获取全色的航空遥感图像和 4 个波段的多光谱图像。

图 2-6　UCD 航空面阵数码相机

3）SWDC 航空数码相机

SWDC 航空数码相机（Si Wei Digital Camera，SWDC）由中国测绘科学研究院研制，具有我国自主知识产权的产品，作为航空遥感的重要技术手段，填补了国内空白。

SWDC 主体由 4 台高档商用相机（单机为 3900 万像素，像元大小为 6.8μm）经外视场拼接而成。SWDC 的焦距为 50mm/80mm，像元尺寸为 6.8μm，图像尺寸为 15000 像素 × 10000 像素和 14000 像素 × 11000 像素。SWDC 航空面阵数码相机如图 2-7 所示，A、B、C 和 D 为 4 台相机。

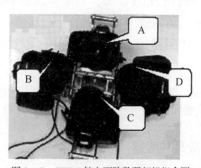

图 2-7　SWDC 航空面阵数码相机组合图

SWDC 像场角较大，可以满足大比例尺成图的高程精度。同时，SWDC 属于轻型、大面阵组合相机，既可以搭载在轻型飞机，也能够满足小型无人飞行器系统的需要。

2. 线阵 CCD 遥感器及其成像

线阵 CCD 遥感器，又称为固体扫描仪或推帚式扫描仪，主要由光学成像系统和线阵 CCD 所构成。它一次获取垂直于平台移动方向的一行图像，并随着平台的移动一行行地完成对地面的扫描覆盖。线阵 CCD 传感器的成像过程如图 2-8 所示。为了避免行间图像的重叠和遗漏，在获得一行图像的时间内，平台移动的距离必须正好是一行图像对应于飞行方向的地面距离。

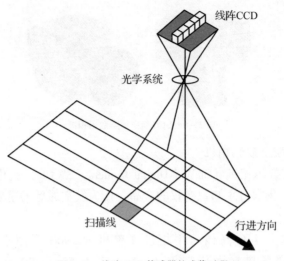

图 2-8　线阵 CCD 传感器的成像过程

线阵 CCD 传感器没有机械扫描装置，重量轻，图像的几何关系稳定，像素单元小，地面分辨率高，感光波段宽，并能够以数字方式进行实时传输。

线阵 CCD 传感器是目前遥感卫星成像的首选遥感器。单片线阵 CCD 探测器可达 12000 像素，SPOT 卫星的 HRV、MOS-1 卫星的 MESSR、JERS-1 卫星的 OPS 均为线阵 CCD 传感器，IRS 卫星、IKONOS 卫星、QuickBird 卫星、Orbview 卫星、SPIN 卫星等国外光学成像遥感卫星，以及我国高分、资源、天绘等系列卫星中的光学成像遥感卫星，都使用线阵 CCD 传感器。

3. 侧视雷达遥感器及其成像

面阵摄影机（相机）和线阵 CCD 遥感器，都是无源遥感器，属于被动式遥感，被动接收和记录物体反射太阳辐射或自身发射的电磁波信息，受到气候条件下的制约，如无法透过云、雨、雾成像。侧视雷达是微波波段的遥感器。在微波波段，大气对其传输的影响较小，且侧视雷达属于主动式遥感器，在成像时，雷达本身发射一定波长和功率的高频电磁波波束，然后接收该波束被目标散射或反射返回的信号，从而达到探测目标的目的。因此，微波遥感侧视雷达成像在遥感对地观测中有它独特的优势。

1）微波辐射特征

微波是电磁辐射中的一个波段，其范围包括波长为 1mm~1m 的电磁波，频率范围是 300MHz~300GHz。微波具有电磁波的基本特性，包括反射、吸收、透射等规律。微波遥感有以下几个主要的电磁波特征。

（1）叠加。当两个或多个以上的波在空间传播时，如果在某点相遇，则该点的振动是各个波独立引起该点振动的叠加。

（2）相干性。当两个或多个以上的波在空间传播，它们的频率相同，振动方向相同，相位相差是一个常数时，叠加后合成波的振幅是各个波振幅的矢量和，这种现象称为干涉。

（3）衍射。电磁波传播过程中，如果遇到不能透过的直径有限的物体，会出现传播的绕行现象，即部分辐射没有遵循直线传播规律而绕到障碍物后面，这种改变传播方向的现象称为衍射。

（4）极化。电磁波传播是电场和磁场交替变化的过程，且它们的方向相互垂直。电场常用矢量表示，矢量必定在与传播方向垂直的平面内。矢量所指的方向可能随时间变化，也可能不随时间变化。当电场矢量不随时间变化时，称为线极化，线极化分水平极化和垂直极化。水平极化指电磁波的电场矢量与雷达波束入射面垂直，用 H 表示。垂直极化指电磁波的电场矢量平行于雷达波束入射面，用 V 表示。雷达波发射后，遇到目标平面而反射，其极化状况在反射时会发生改变，根据遥感器发射和接收的反射波极化状况可以得到不同类型的极化图像。四种极化方式 VV、HH、VH、HV，其中 HH、VV 极化方式的图像称为同类极化或平行极化图像；HV、VH 极化方式的图像称为正交图像。

2）侧视雷达遥感器

在飞机或卫星平台上由遥感器向与飞行方向垂直的侧面发射一个窄的微波波束，覆盖地面上这一侧面的一个条带，然后接收在这一条带上地物的反射波，从而形成一个图像带。随着飞行器前进，不断地发射这种脉冲波束，又不断地接收回波，从而形成一幅一幅的雷达图像。侧视雷达传感器的成像过程如图 2-9 所示。

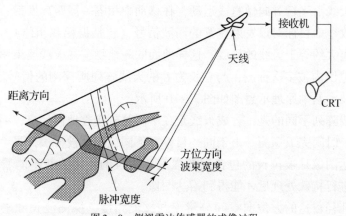

图 2-9 侧视雷达传感器的成像过程

对于真实孔径侧视雷达，其距离方向和方位方向的分辨率是不一样的。

距离方向分辨率，是指在距离方向上能分辨的最小目标的尺寸。真实孔径侧视雷达的距离方向分辨率与微波的脉冲密切相关，脉冲的持续时间（脉冲宽度）越短，距离向分辨率越高。若要提高距离分辨率，需要减小脉冲宽度，但脉冲宽度过小，会使雷达的发射功率下降，回波信号的信噪比降低，由于两者矛盾，使得距离方向分辨率难以提高。

方位方向的分辨率，是指相邻的两脉冲之间，能分辨两个目标的最小距离。真实孔径侧视雷达方位方向的分辨率，取决于微波的波束角宽度，而波束角宽度与微波波长成正比，与雷达天线孔径成反比，要提高方位分辨率，需采用较短波长的电磁波，或加大天线孔径，或缩短观测距离。例如，要求方位向空间分辨率为25m，采用波长为5.7cm的微波，卫星高度为600km，侧视角40°，则天线尺寸应为1790m，这显然难以实现。

因此，真实孔径侧视雷达难以在航天遥感中应用就是这个原因。为了解决这个矛盾，目前采用合成孔径技术来提高侧视雷达的方位向分辨率。

3）合成孔径侧视雷达

合成孔径侧视雷达与侧视雷达类似，也是在飞机或卫星平台上由遥感器向与飞行方向垂直的侧面发射信号，所不同的是将发射和接收天线分成许多小单元，每一单元发射和接收信号的时刻不同。由于天线位置不同，记录的回波相位和强度都不同，同一目标在不同位置上被多次记录。

合成孔径侧视雷达距离方向采用脉冲压缩技术来提高空间分辨率，即利用线性调频调制技术将较宽的脉冲调制成振幅大、宽度窄的脉冲，使距离方向空间分辨率和信噪比都得以提高。

方位向空间分辨率通过合成孔径技术来改善。合成孔径技术的基本思想是用一个小天线沿飞行方向做直线运动，在移动中相隔一段距离发射一个微波波束，并接收地面目标对该发射位置的回波信号（包括振幅和相位）。发射位置的间隔距离大约等于天线的长度。这样地面同一地物，在天线波束角对应的长度为 L_s 的范围内被多次探测，与总长为 L_s 的天线阵列所探测的信号非常相似。合成孔径技术基本原理示意图如图2-10所示。

与天线阵列不同的是，合成天线是在不同时刻接收地面信息，而天线阵列则是在同一时间完成探测。由于同一目标在不同位置上被多次记录，原始的合成孔径雷达图像是被拉长的包含回波强度和相位的条带，并不能看到地物图像，必须进行特殊处理后才能得到雷达图像。

合成孔径雷达的方位向空间分辨率与探测角度、探测波长和平台高度无关；理论上天线孔径越小，方位方向空间分辨率越高。

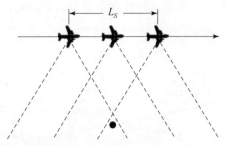

图 2-10 合成孔径技术基本原理示意图

4）合成孔径雷达遥感器的特点

与光学遥感器相比，合成孔径雷达遥感器有以下几个明显的优点：

（1）合成孔径雷达遥感器发射的微波能穿透云雾和雨雪，有全天候工作能力，对实时监测非常有利。

（2）微波对地物有一定的穿透能力，如微波可穿透几十米的沙层和上百米的冰层。对中度含水量的土壤能穿透几米甚至几十米，可用于地下勘探和军事目标探测。

（3）合成孔径雷达遥感器可以探测地物的微波特征，与光学遥感器互相补充，实现对目标地物更全面的描述。

（4）合成孔径雷达遥感器可采用多种频率、多种极化、多个视角进行工作，来获取目标的空间关系、形状、尺寸、表面粗糙度、对称性和复介电特性等方面信息。

（5）合成孔径雷达遥感器成像不仅包含了地物对微波的反射或散射的强弱，而且还包含了回波的相位信息，从而可以进行雷达干涉测量，确定目标的高度。

2.2 电磁波与电磁波谱基本知识

2.2.1 电磁波与电磁波谱

在真空或介质中通过传播电磁场的振动而传输电磁能量的波称为电磁波，如光波、热辐射、微波、无线电波等。电磁波是通过电场和磁场之间相互联系和转化传播的，是物质运动能量传递的一种特殊形式，即空间任一处只要存在着电磁场，就存在着能量，任何变化的电场都将在它的周围产生变化的磁场，而变化的磁场又会在它的周围感应出变化的电场。在电磁波里，电场强度矢量

E 和磁场强度矢量 M 相互垂直，并且都垂直于电磁波的传播方向，如图 2–11 所示。

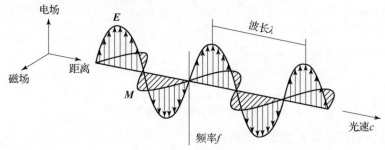

图 2–11　电磁波传播形式

电磁波产生方式是多种多样的，如电磁振荡，晶格或分子的热运动，晶体、分子或原子的电子能级跃迁，原子核内的能级跃迁等，其波长范围很大，主要应用部分约跨 18 个数量级，即 $10^{-11} \sim 10^{6}$ cm。尽管电磁波的波长不同，但它们在真空中的传播速度都是相等的，波长越短，频率越高，能量越大。

按照电磁波在真空中波长或频率依顺序划分波段，排列成谱即为电磁波谱。电磁波谱示意图如图 2–12 所示。

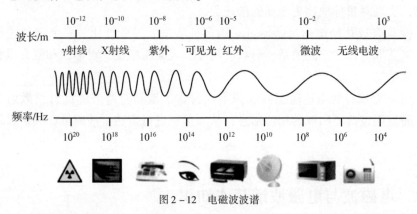

图 2–12　电磁波波谱

目前遥感应用的波段，主要有紫外线，可见光，红外线，微波等波段。遥感应用电磁波波段如图 2–13 所示。

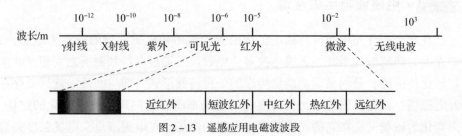

图 2–13　遥感应用电磁波波段

(1) 紫外线的波长 0.01~0.4μm。主要来源于太阳辐射。由于太阳辐射通过大气层时被吸收,只有 0.3~0.4μm 的紫外线能部分穿过大气层,但散射严重,并且大多数的地物在该波段的反射较小,仅部分地物如萤石和石油在此波段可以表现出来,除在石油普查勘探中紫外遥感可发挥一定作用外,其他遥感应用领域较少使用。

(2) 可见光波长为 0.4~0.7μm。主要来源于太阳辐射,是遥感成像所使用的主要波段之一,在此波段,大部分地物都有良好的亮度反差特性,易于区分。

(3) 红外线波长为 0.7~1000μm。近红外和短波红外主要来源于太阳辐射;中红外和热红外主要来源于太阳辐射及地物热辐射;而远红外主要源于地物热辐射。红外线波段较宽,在此波段地物间不同的反射特性和发射特性都可以较好地表现出来。因此,该波段在遥感成像中有重要的作用。

(4) 微波波长为 0.001~1m。受大气层中云、雾的散射干扰小,因此能全天候进行遥感。但由于地物在微波波段的辐射能量较小,为了能够利用微波的优势进行遥感,一般由遥感器主动向地面目标发射微波,然后记录目标反射回来的电磁波能量,因此微波遥感是一种主动遥感形式。

2.2.2 地物的电磁波发射特性

地物除了自身有一定温度之外,还有因为吸收太阳光等外来能量而受热增温的现象,地物的温度都高于绝对零度(-273.15℃),都会发射电磁波。在相同的温度下,地物的电磁波发射能力较同温下的黑体(也称绝对黑体,指能全部吸收外来电磁波辐射而毫无反射和透射能力的理想物体)的辐射能力要低。地物发射电磁波能力常用波谱发射率来表示。

自然界中的物体都不是黑体,其发射率均小于1。一般情况下,不同地物有不同的波谱发射率,同一地物在不同波段的波谱发射率也不相同。不同地物间的波谱发射率的差异也代表了地物间发射能力的不同,发射率大的地物,其发射电磁波的能力强。表 2-2 列出了常温下部分地物的波谱发射率。表 2-3 列出了岩石在不同温度时波谱发射率的变化情况。

表 2-2 常温(20℃)下部分地物的发射率

地物名称	波谱发射率	地物名称	波谱发射率
人体皮肤	0.99	混凝土	0.9
木板	0.98	稻田	0.89

续表

地物名称	波谱发射率	地物名称	波谱发射率
灌木	0.98	黑土	0.87
干沙	0.95	黄黏土	0.85
大理石	0.95	草地	0.84
柏油路	0.93	土路	0.83
小麦地	0.93	石油	0.27

表 2-3 岩石波谱发射率随温度变

温度	石英岩	花岗岩
-20℃	0.694	0.787
0℃	0.682	0.783
20℃	0.621	0.780
40℃	0.664	0.777

地物在不同波段上发射的辐射通量密度不同，其波谱发射率也不同。实际地物的发射分两种情况：一种是地物的发射率在各波长处不同，这种地物称为选择性辐射体；另一种是地物的发射率在各波长处基本不变，这种地物称为非选择性辐射体，也称灰体。

发射率对同一物体来讲也是一个变值，在不同波段具有不同的发射率，同时它还与地物性质、表面光滑程度和温度等相关。

地物之所以发射电磁波是由于它自身的温度引起的，地物的电磁波辐射也称地物热辐射。由于地物本身的差异，对太阳辐射的吸收能力不一样，各地物在相同条件下自身温度不同，随太阳周期变化的幅度也不一样，衡量此变化情况的术语是地物热惯性，它表示地物吸收热量后保持温度的能力，保温能力强，热惯性就大。比较一下沙地、草地、树林、湖泊在一天内的温度变化情况，可以得出以下结论：好的吸收体也是好的发射体。它说明凡是吸收热辐射能力强的物体，它们的热发射能力也强，如湖泊；凡是吸收热辐射能力差的物体，它们的热发射能力就弱，如沙地。

红外波段遥感是建立在太阳辐射与地物热辐射的基础上的。

近红外和短波红外光谱区（0.7~3μm）。能量主要来源于太阳辐射，而地物热辐射能量很小。因此，在此波段只反映地物对太阳辐射的反射，离开太阳辐射就不能进行近红外遥感。因此，近红外遥感通常在白昼成像。

中红外波段（3~8μm）。这个波段太阳辐射与地物热辐射能量之比为 10:1，所以地物对太阳的辐射能量的反射是主要遥感信息。由于夜间没太阳辐射，所以该波段在夜间探测地面上高温的物体效果较好。

热红外波段（8~14μm）。此波段内遥感响应的主要是地物本身的热辐射，主要用于热源遥感探测。

远红外波段（14~1000μm）。此波段内地物热辐射能量较大，太阳辐射的反射能量很小，但由于大气透过率不高，所以不能用于远距离遥感探测。

2.2.3 地物的电磁波反射特性

入射到物体表面的电磁波与物体之间会发生3种作用：反射、吸收和透射。地物对电磁波反射、吸收、透射的能力常用反射率、吸收率、透射率来表示。不同地物的反射、吸收和透射能力是不同的。在光学遥感中，遥感器记录的主要是地物反射太阳光中的电磁波信息和地物本身发射电磁波信息。本节将重点讨论地物对电磁波的反射特性。

1. 地物反射电磁波形式

物体反射电磁波有3种形式：镜面反射、漫反射和方向反射。

镜面反射的电磁波具有严格的方向性，即反射角等于入射角，反射能量集中在反射线方向，如图2-14（a）所示。对不透明的地物，其反射的能量等于入射的总能量减去地物吸收的能量。

漫反射是指在物体表面的各个方向上都有反射能量分布的反射，如图2-14（b）所示。对于漫反射，也称琅伯反射，无论从哪个角度观察，看到的亮度是一样的。

由于地面起伏和地面结构的复杂性，地面反射完全符合琅伯反射的不多，往往会在某一方向上反射最强烈，这种现象称为方向反射，图2-14（c）所示。发生方向反射时，在不同的观察方向观察到的地物的亮度是不一样的，所接收的反射能量也是不一样的。

(a) 镜面反射　　　　(b) 漫反射　　　　(c) 方向反射

图2-14　地物反射电磁波形式

地物表面之所以产生这3种反射形式，主要与地物表面的光滑程度有关，当地物表面光滑时，入射到其表面的电磁波产生镜面反射，否则会产生漫反射或方向反射。

2. 地物的波谱反射特性

通常，反射率定义为物体的反射通量与入射通量之比，这是在理想的漫反射情况下的定义，它指的是整个电磁波波长范围内的平均反射率。实际上由于物体的固有结构特点，对不同电磁波是有选择性反射的，如绿色植物的叶子是由上表皮、叶绿素颗粒组成的栅栏组织和多孔薄壁细胞组成，如图2-15所示。入射到叶子上的太阳辐射透过上表皮，蓝、红光波段的光辐射被叶绿素全部吸收而进行光合作用，绿光大部分也被吸收，但仍有一部分被反射，所以叶子呈绿色。而近红外波段可以穿透叶绿素，被多孔薄壁细胞组织所反射，因此，在近红外波段上形成强反射。可以看出，绿色植被在可见光的蓝、绿、红及近红外波段的反射率是不同的。对于类似这种性质的地物，仅用平均反射率是不客观的，需要用光谱反射率来表示地物在某波段的反射特性。

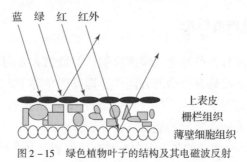

图2-15　绿色植物叶子的结构及其电磁波反射

光谱反射率是指地物在某波段的反射通量与该波段入射通量之比。地物的波谱反射率随波长变化而改变的特性称为地物反射波谱特性。将地物的波谱反射率与波长的关系在直角坐标系中描绘出的曲线，称为地物反射特性曲线。图2-16绘出了几种典型地物的光谱反射特性曲线。

从图中可以得出：不同地物有不同的波谱反射率，同一地物在不同波段有不同的波谱反射率。因此，在同一幅图像上，不同地物会有不同的色调（彩），同一地物在不同波段的图像上也会有不同的色调（彩）。同时，依据反射特性曲线的形状，可把地物分为两类：一类是波谱反射率基本不随波长变化而变化的地物，称为非选择性反射体或灰体，如灰白大理石、湿黏土等；另一类是波谱反射率随波长变化而变化的地物，称为选择性反射体，如阔叶树、红砂岩等。

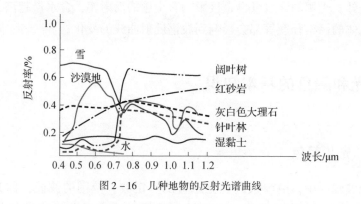

图 2-16 几种地物的反射光谱曲线

3. 影响地物反射率变化的因素

地物的波谱反射率与入射电磁波在各波段处的辐射通量及相应的反射通量有关,也就是入射通量和地物本身性质有关。而很多因素会引起入射通量及地物性质的变化,地物波谱反射率也会随着变化,如太阳位置、遥感器位置、地理位置、地形、季节、气候变化、地面湿度变化、地物本身变异和大气形态等。

(1) 太阳位置。太阳位置是指太阳的高度角和方位角。太阳高度角不同,太阳辐射经大气层到达地物所经过的路径也不同,传递过程中的能量损失与路径有关。太阳方位角不同,太阳光线在地物表面的入射角不同,也会引起地物反射能量的变化。入射与反射能量的变化,则会引起反射率的变化。为了尽量减少太阳高度角和方位角引起的反射率变化的影响,可见光遥感卫星轨道大多设计在每天同一时间(当地时间上午 10:30 左右)通过同一地方上空。航空遥感摄影时间一般选择在 10:00~14:00。但由于季节变化和地理纬度的差异,太阳高度角和方位角的变化是不可避免的。

(2) 遥感器位置。遥感器位置是指遥感器的观测角和方位角。为了尽量减少因遥感器位置影响地物反射率,大部分空间遥感器设计成垂直指向地面,但由于遥感平台姿态的不稳定会引起遥感器的指向偏离垂直方向,因此反射率变化的影响也不容忽视。

(3) 地理位置。不同的地理位置,太阳高度角和方位角也不同。地理景观不同也会引起反射率的差异。此外,海拔高度、大气透明度等因素也会造成反射率的变化。

(4) 地物本身的变异。地物本身的变异,会使其反射率有很大的变化。例如,植物的病虫害会使波谱反射曲线发生变化,尤其在近红外区,其反射率减小。此外，土壤的含水量也直接影响着土壤的反射率，含水量越高，反射率越低；水体的污染程度等都会影响到波谱反射曲线的变化。

2.3 光和颜色的基本知识

2.3.1 光和颜色

电磁波辐射中，引起人们视觉感应的一定波长范围的波段，称为可见光谱，也称为可见光或简称光。正常的人眼可以感应到电磁波谱波长范围为 $0.4\sim0.7\mu m$，所以这一波段被称为可见光谱。来自外界的可见光辐射刺激人的视觉器官（眼睛），在大脑中产生光、颜色、形状等视觉现象而获得对外界的认识。人眼所能反映出的颜色都可以和电磁波的波长相对应。例如：$0.7\mu m$ 是红色；$0.58\mu m$ 是黄色；$0.56\mu m$ 是绿色；$0.47\mu m$ 是蓝色等。比紫色波长还短的紫外和比红光波长还长的红外部分，人眼无法看到。但一般情况下，可以用其他方法感觉到，如紫外线产生疼痛感，红外线产生灼热感。严格地说，只有能够被眼睛感觉到的并产生视觉现象的辐射才是可见辐射或可见光。

人对光的反应是靠眼睛进行的，当眼睛注视外界物体时，物体发出的光线通过眼球形成物像，聚焦在眼球后部视网膜的中央凹部位；视网膜的感光细胞分为锥体细胞和杆体细胞，锥体细胞是明视觉器官，在光亮条件下分辨颜色和细节；杆体细胞是暗视觉器官，只在较暗的条件下起作用，不能分辨颜色和细节。所以在光亮条件下，人眼能分辨各种颜色，当光谱亮度降低到一定程度，人眼的感觉便是无彩色的，光谱变成不同明暗的灰带。

人眼对不同波长的光，感觉是不同的。在光亮条件下，人眼对橙黄色（波长 $0.555\mu m$）光的反应最灵敏，波长变大或变小，灵敏度都会降低。另外，不同的人对亮度或颜色的评价也会有差异。

观察图像或荧屏时，常对观察对象的亮暗程度进行评价。这一评价实际是一个相对概念，是相对于背景而言的，因此，也称为亮度对比。亮度对比是视场中对像与背景的亮度差和背景亮度之比。同样的观察图像，如果物体也亮，背景也亮时，感觉不太亮。物体亮度不变，而背景变暗时，会感觉亮度提高了，就是亮度对比的效果，有时就说对比提高了，视觉效果变好了。例如，一张灰色纸片，在白色背景上看起来发暗（对比小），在黑色背景上看起来发亮（对比大）。在遥感图像中，亮度对比常影响黑白图像的视觉效果，但是遥感图像上所有地物都可能是需要观察的对象，很难说明哪个是背景，哪个是对象。这时亮度对比就变成两个或多个对象之间的对比,即亮度对比度。

颜色对比不像亮度对比那么简单。首先,观察颜色要利用眼球视网膜的中央区,也就是视场要小一些。因为当视场过大眼球侧视时,先是红、绿感觉消失,只能看到黄蓝色,再往外侧视,黄蓝色感觉也会消失成为全色盲区,这时对颜色的判断会发生错误。再者,人眼对颜色的判断与波长的关系不完全固定,要受到光强度的影响;当光强度增加时,颜色会向红色或蓝色方向变化,所以观察颜色时尽量选择周围光强度基本不变的环境。

在视场中,相邻区域的不同颜色的相互影响称为颜色对比。颜色对比受视觉影响很大。例如,在一块品红的背景上放一小块白纸或灰纸,用眼睛注视白纸中心几分钟,白纸会表现出绿色。如果背景是黄色,白纸会出现蓝色。这便是颜色对比的效果。在色度学中,当两种颜色混合产生白色或灰色时,这两种颜色称为互补色,如黄和蓝、红和青、绿和品红均为互补色。假如做一个圆盘,左边是黄色,右边是蓝色,让圆盘快速旋转,使两种颜色混合,人眼就能看出是白色或灰色。在颜色对比时,两种颜色的边界,对比现象会更为明显。就识别颜色而言,只要波长改变了 $1 \sim 2nm$,人眼就应该能观察出差别。对于不同波长的光,人眼的区别能力不同。此外,人眼的区别能力还要受颜色对比以及其他因素的影响。一般在整个光谱中,正常人眼能分辨出几百种不同颜色。相比而言,人对颜色的分辨力比黑白灰度的分辨力强很多,正因为如此,彩色图像能表现出更为丰富的信息量。

2.3.2 颜色的性质

彩色的描述对于遥感图像非常重要,彩色变换也是遥感图像处理的重要方法。在物理中,颜色的性质由明度、色度、饱和度来描述。

明度(L):是人眼对光源或物体明亮程度的感觉。它取决于发光体的辐射强度和物体表面对光反射率的高低。明度与人眼这一感官有关,所以受人的视觉感受性和经验影响。一般来说,物体反射率越高,明度就越高。所以白色一定比灰色明度高,因黄色反射率高所以黄色明度较高。对光源而言,亮度越大,明度越高,如白炽灯、日光灯等白光光源,若亮度很高看到的是白色,若亮度很低看到的光发暗发灰,若无亮度则看到黑色。对不发光的物体而言,当物体对可见光范围内的所有波长无选择地反射,反射率都在 80%~90% 以上时,物体为白色且显得明亮;当反射率对所有波长均在 4% 以下时,物体为黑色,很暗;反射率居中则表现为灰色。在观察黑白图像时,人们也常把明度称为灰度,或量化后称为灰阶。图 2-17(a)是表示明度从黑到白的明度轴。

色度（H）：是指色彩的类别，是彩色彼此相互区分的特性。可见光谱段的不同波长刺激人眼，会产生了红、橙、黄、绿、青、蓝、紫等彩色的感觉。图2-17（b）是一个颜色环，它表示颜色色调的理想示意。圆环上把光谱色按顺序标出，从红到紫是可见光谱上存在的颜色，每种颜色对应一个波长值，是光谱色。有时刺激人眼的光波不是单一波长，而是一些波长的组合，也可以构成一些颜色，但它们找不到对应的波长值，不叫光谱色。图中圆环上部就加上了不同颜色组合的品红色，和其他光谱色一起构成一个圆环。每种颜色都在圆环上或圆环内占一个位置，白色位于中心。

不透明物体的颜色是怎么来的呢？是因为物体对照射在物体上的光产生选择性反射，如对0.6μm以上的波长反射率很高，则物体看起来是红色，如果物体反射0.5μm左右的辐射，这一物体看起来是绿色。所有颜色都是对某段波长有选择地反射而对其他波长吸收的结果。

饱和度（S）：是彩色纯洁的程度。它表示一种彩色的浓淡程度，也就是光谱中波谱段的宽窄程度。若光源发出的是单色光，它就是最饱和的彩色，如激光及各种光谱色都是饱和色。对于不透明物体颜色，如果物体对光谱反射有很高的选择性，只反射很窄的波段则饱和度高。如果光源或物体反射光在某种波长中混有许多其他波长的光或混有白光则饱和度变低。白光成分过大时，彩色消失成为白光。在图2-17（b）颜色环中，环上最外围的一圈是饱和度最高的颜色，位置越靠近中心，颜色越不饱和。

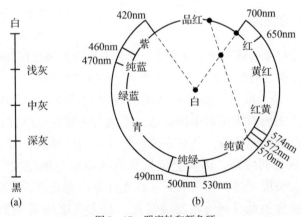

图2-17 明度轴和颜色环

在物理上黑白色只用明度描述，不用色度、饱和度描述。但在遥感图像判读时，一种通俗的称谓是把明度（灰度）和色彩的差异统称为色调差异。这和物理学的概念有一定区别，在使用上要加以注意。

2.3.3 颜色立体

为了形象地描述颜色特性之间的关系,通常用颜色立体来表现一种理想化的示意关系。

颜色立体如图2-18所示。颜色立体是颜色环和明度轴的结合,如图2-18(a)所示,中间垂直轴代表明度,从底端到顶端,由黑-灰-白明度逐渐递增。中间水平面的圆周代表色调,相当于颜色环,顺时针方向由红、黄、绿、青、蓝、品红逐步过渡。圆周上的半径大小代表饱和度,半径最大时饱和度最高,沿半径向圆心移动时饱和度逐渐降低,到了中心便成了中灰色。如果离开水平圆周向上下白或黑的方向移动也说明饱和度降低。

将每种颜色的三个物理量定量地描述,以便于在彩色变换中进行计算,如图2-18(b)所示。

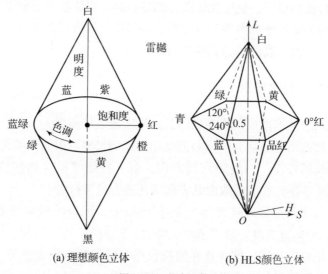

(a) 理想颜色立体　　(b) HLS颜色立体

图2-18　颜色立体

明度值(L)为0~1,0为黑,1为白,所以明度轴的中间位置是0.5。

色度(H)用色调圆环的角度值表示,从红色为0°,绿色为120°,蓝色为240°等,右旋或左旋自行选定。

饱和度(S)值也定义为0~1,饱和度最高为1,饱和度最低为0。

实际上,从视觉角度看,饱和度最高时,不同色度的明度并不都是0.5,如黄色一定明度高,蓝色明度低,颜色立体只是一种理想的描述方式。实际颜色分布不是正锥体,而是有的饱和在高明度区,有的饱和在低明度区,构成一种更为接近实际的颜色立体。

2.4 航空遥感图像获取

搭载在航空平台上的遥感器获取的地面图像，统称为航空遥感图像。航空遥感图像获取方式主要有航空摄影、航空侦察摄影、无人机侦察摄影等途径。

2.4.1 航空摄影

将航空照相机（简称航摄仪）安装在飞机或其他航空平台上，并按照一定的技术要求对地面进行摄影的过程，称为航空摄影（简称航摄）。其目的是为了获取某一指定区域的航空遥感图像。

狭义的航空摄影特指用于测绘地形图，制作遥感图像产品或其他专题图，服务于测绘行业的摄影。航空摄影图像的特点是：摄影姿态近似垂直，图像变形很小，几何关系严密，图像间有重叠，可构成立体进行观测，图像的地面分辨率一般优于米级，高的可达到厘米级。

1. 航空摄影技术要求

（1）按测绘地形图或制作专题图的区域实施区域摄影。

（2）获取的图像空间分辨率与测绘相应比例尺地形图的技术指标相匹配。

（3）航线的敷设，一般为东西方向，遇有特殊情况（如国境线、海岛、海岸或特殊地形等）亦可采取南北方向或任意方向飞行。

（4）航线飞行应形成连续不断的直线航带，图像的航向重叠度一般为60%～70%，旁向重叠度一般为30%～40%。

（5）采用竖直摄影，即飞机在航摄仪曝光瞬间的空间姿态角小于3°。以保证获取的图像具有良好的定位精度和判读性能。

（6）选用专业的航摄仪，如面阵数码航空相机 UCD、DMC 等，线阵数字航空相机 ADS80 等。

（7）选用航速不宜过快且航速均匀，稳定性能好，续航能力强的飞机。

2. 航空摄影的实施

1）航空摄影任务委托书的拟定

航空摄影任务书是申报航空摄影任务的主要技术文件，由申报任务单位填写，其内容有：

（1）测区名称和任务量，测区范围用接图表和地名代号标明。
（2）成图比例尺和航空摄影图像空间分辨率。
（3）航空摄影相机类型和焦距，以及需要配备的附属设备。
（4）执行航空摄影任务的最佳季节和完成的期限。
（5）其他的特殊要求。

2）航空摄影技术计划的制订

（1）收集摄影地区的气象资料。气象资料是确定航空摄影工作时间的重要依据，适合航摄要求的气象条件一般为晴朗碧空、没有大的烟雾和强风或大气湍流。根据测区气象资料可以估算出各月份的航摄天数，从而按照规定的期限确定出执行任务的时限。

（2）计划用图的选择。为了拟定航摄实施计划，划分摄影分区，计算分区的平均基准面高程，确定飞行安全高度，保证领航质量，应选择完整、可靠和新出版的地形图或其他合适的地图作为计划用图。

（3）航摄分区的划分。分区边界一般应与成图图廓线一致，分区内的地形高差一般不应大于相对航高的 1/4，为便于作业，分区不宜划得过小，在地形高差允许的情况下，分区范围应尽可能大些，划定的分区应标绘在地图上。

（4）航线规划设计。航线的敷设，一般为东西方向，遇有特殊情况亦可采取南北方向或任意方向飞行。航线飞行应形成连续不断的直线航带。像片的航向重叠度一般为 60%~70%，旁向重叠度一般为 30%~40%。沿海航摄时在测区内所有岛屿应达到完整覆盖，并能构成立体像对。

3）航空摄影试飞

根据选用的航摄像机以及设计的作业参数，在测区上空进行试摄影，试摄影的航高应与设计的作业航高基本一致；分析试摄影结果，修正作业参数。

4）航空摄影飞行

按照试飞的结果安置作业参数。航摄飞行中在进出航线时应尽量保持飞机姿态平稳，飞行方向和设计的航线方向应保持一致，领航员尽量保证航线平直，摄影员应通过检影器密切的注意地面情况，保持相机水平和对偏流改正。

5）成果整理与验收

飞行结束后应绘制飞行略图，注明每条航线进出的顺序和方向，以及每条航线的摄影景数等信息，航摄成果应尽快进行后期处理，以便检查航摄质量是否满足实际要求，不满足要求的航线或摄区应及时补飞。

2.4.2 航空侦察摄影

航空侦察摄影是指为获取战略或战术目标实施的空中侦察摄影。它包括侦察机空中侦察摄影、无人机侦察摄影等。

航空侦察摄影图像的特点是：以目标侦察为中心，摄影姿态随意，图像变形较大，几何关系不严密；以发现目标，判读目标为目的，空间分辨率较高。

常用航空侦察摄影有：高空侦察机战略侦察摄影、中低空侦察机战术侦察摄影、高空无人侦察机战略侦察摄影、中低空无人侦察机战术侦察摄影等形式。

航空侦察摄影的遥感器主要有：光电集成吊舱、侦察照相机、普通照相机和 TV 摄影机等。

1. 航空侦察摄影的实施步骤

（1）制订航空侦察摄影计划。
（2）收集侦察摄影区域的气象资料。
（3）收集侦察摄影区域及周边的敌人的空防情况。
（4）制订侦察突防路径。
（5）制订侦察摄影航线。
（6）制订应急保障预案。

2. 航空侦察摄影飞行

按照突防路径飞行到侦察摄影区域；在侦察摄影区域按照侦察摄影计划实施飞行摄影，确保摄影图像覆盖整个侦察区域；遇到特殊情况应启动应急保障预案处置。

3. 成果整理

侦察摄影飞行结束后应尽快对侦察摄影图像进行后期处理，以便检查侦察摄影质量是否满足实际要求，不满足要求的应及时补飞。

2.4.3 常用的航空遥感图像

1. 航空摄影图像

1）胶片摄影的像片及其扫描数字图像（历史存档图像）
（1）摄影机种类：LMK、RMK 和 RC 系列。

（2）图像类型：彩色/全色。

（3）像片比例尺：1:2000～1:30000。

（4）数字图像空间分辨率：厘米至米级。

2）数码式航空图像

（1）摄影机种类：UDC、DMC 系列，像元尺寸小于 $9\mu m$。

（2）图像类型：彩色/全色/多光谱。

（3）空间分辨率：几厘米至米。

3）线阵 CCD 数码航空图像

摄影机种类：ADS40、ADS80 等。

图像类型：多光谱/全色/彩色。

空间分辨率：厘米至米级。

2. 空中侦察图像

（1）摄影机种类：光电集成吊舱、侦察照相机、普通照相机和 TV 摄影机等。

（2）记录方式：静态图像、视频。

（3）图像类型：彩色/全色、视频。

（4）空间分辨率：厘米至米级。

3. 航空雷达图像

（1）遥感器种类：侧视雷达成像仪（SAR）。

（2）图像类型：灰度。

（3）空间分辨率：分米至米级。

2.5 卫星遥感图像获取

将遥感器安置在卫星平台上对地球进行成像观测，获取地球表面图像的技术，称为卫星遥感。由卫星遥感获取的地球表面图像称为卫星遥感图像。与航空遥感相比较，卫星遥感具有图像覆盖面积大，不受地区和国界限制，以及多种传感器、多级分辨率、多时相等特点，在国民经济建设和国防建设中得到很好的应用。

2.5.1 遥感卫星轨道参数

遥感卫星也称为对地观测卫星，是遥感中使用的重要平台。不同类型的遥感卫星有其不同的运行轨道和轨道参数，轨道参数对卫星遥感成像有着重要的影响。

1. 卫星轨道类型

由于应用目的不同，选择的卫星轨道也不同。人造地球卫星的几种类型如图2-19所示。下面简单介绍遥感的卫星轨道相关知识。

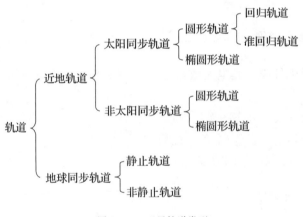

图2-19 卫星轨道类型

（1）太阳同步轨道。太阳同步轨道属于近地轨道，指卫星的轨道平面和太阳始终保持相对固定的取向，轨道倾角（轨道平面与赤道平面的夹角）接近90°，卫星要在两极附近通过，轨道平面每天平均向地球公转方向（自西向东）转动0.9856°（360°/年）。

（2）回归轨道。回归轨道是指卫星每天绕地球运行N（整数）圈，每天同一时刻经过同一星下点。但由于受地球大气的影响，卫星高度不能低于160km，因此卫星运行周期不能小于88min，从而使回归数N不能大于17，则在赤道上相邻轨迹平均间隔达几千千米，这个距离对大多数成像遥感器来说覆盖范围太大，难以对地面的观测范围进行全部图像覆盖。因此，回归的太阳同步轨道无法在成像卫星遥感中使用，而是使用一种称为准回归轨道太阳同步轨道。

（3）准回归轨道。卫星绕地球运行m天后的星下轨迹与原来的星下轨迹重合，即卫星运行 m 天，绕地球圈数 $Nm \pm k$ 乘以卫星轨道周期 T 和地球相对于卫星轨道面的相对角速度，正好等于地球自转量 $360° \cdot m$。此时，m 为回归周期或覆盖周期。

（4）地球同步轨道。地球同步轨道是指卫星轨道周期与地球自转周期相同，轨道周期 $T = 24h$，卫星轨道高度为 35860km 的轨道。

2. 卫星遥感成像对卫星轨道的要求

1）对轨道类型的要求

遥感卫星成像通常采用圆形或近圆形、准回归太阳同步轨道。

圆形或近圆形轨道获取的遥感图像的空间分辨率，在不同地区差异不大；同时，卫星在圆形或近圆形上运转速度均匀，便于扫描成像时间的控制。

太阳同步轨道使卫星在同一地方时飞过成像地区上空，在每次成像时地面有相同的光照条件（因天气和季节变化除外）；特别是多光谱成像时，地物在同波段图像不因环境条件而改变色调，只因地物本身的变化而使不同时间图像上产生色调差异，因而，便于监测地物的变化情况。另外，可获取较准确的日照条件，简化太阳帆板的设计，提高卫星能源使用效果，也有利于温度控制系统的设计。

2）对轨道高度的要求

轨道高度是影响卫星寿命的重要因素，由于卫星受大气阻力及地球引力的影响，会使轨道高度不断衰减。轨道高度越高，卫星越稳定，寿命越长，但成像空间分辨率越低；轨道高度越低，卫星轨道稳定性差，寿命越短，但成像空间分辨率越高。目前，遥感卫星成像一般使用中低轨道高度（400～800km）。

3）对轨道周期的要求

轨道周期：卫星沿其轨道运行一周的时间。轨道周期决定星下点轨迹之间的间隔，为了获取卫星所经过整个区域的地面覆盖图像，遥感器对应的扫描带宽要大于或等于星下点轨迹之间的距离。

4）对轨道倾角的要求

轨道倾角：卫星轨道面与地球赤道面之间的夹角。它是影响卫星全球覆盖能力的一个主要因素。近极地轨道可以获取包括南、北极在内的全球遥感。

5）对升交点赤经选取的要求

升交点赤经：指卫星轨道的升交点向径与春分点向径之间的夹角。升交点赤经决定太阳光线与卫星轨道面的夹角，也决定了星下点（成像地区）的太阳高度角，升交点赤经选取要满足良好的光照条件。

2.5.2 几种遥感卫星简介

1. 国产遥感卫星

目前，我国在轨运行的遥感卫星，依照管理运行体制，可分为公益型、军事型和商业型三种形式。

公益型遥感卫星由国家投资建设和运行，卫星资源由政府有关部门提供共享，也向全社会提供用于非商业目的的共享服务，这类遥感卫星有高分系列卫星（GF1~GF7）、资源系列卫星（ZY-1~ZY-3）等，卫星种类包括光学遥感卫星、多光谱遥感卫星、雷达卫星等，光学遥感卫星空间分辨率高达亚米级，多光谱遥感卫星光谱段达几十个波段。

军事型遥感卫星由军队投资建设和运行，卫星资源主要用于国防建设，如用于全球测绘的"天绘一号"遥感卫星，是线阵 CCD 成像立体测绘卫星。

商业型遥感卫星由商业公司投资建设和运行，向全社会提供商业性服务，目前，有一定规模的商业型遥感卫星有：长光卫星技术有限公司的"吉林"系列卫星，珠海欧比特宇航科技股份有限公司的"欧比特"系列卫星，北京宇视蓝图信息技术有限公司的"北京"系列卫星，中国四维测绘技术有限公司的"高景"系列卫星等。商业型遥感卫星，以低成本的小卫星为主，卫星种类包括光学、视频、多光谱、雷达等，光学遥感卫星空间分辨率最高达 0.5m。

2. 国外遥感卫星

目前，在轨运行的遥感卫星有数百颗，拥有遥感卫星的国家已达数十个，其中公认为遥感卫星大国的国家和地区有：美国、俄罗斯、印度、欧盟、加拿大和日本等。

在我国能够通过商业模式购买到的遥感图像，主要有：美国的 QuickBird、Ikonos、WorldView 等系列卫星图像；法国的 SPOT 系列卫星图像；印度的 IRS 系列卫星图像；意大利的 COSMO 雷达卫星图像等。光学遥感卫星空间分辨率最高 0.3m，雷达图像空间分辨率最高达 1m。

3. 遥感卫星参数示例

1）高分二号（GF-2）遥感卫星

表 2-4　高分二号遥感卫星主要参数

轨道类型	太阳同步轨道	轨道高度	631km	轨道倾角	97.9°
降交点地方时	10：30AM	回归周期	69 天	重访周期（侧摆）	5 天
两侧侧视	±35°	扫描带宽	45km	星载传感器	CCD
空间分辨率	全色1m、多光谱4m				
光谱范围	B1（0.45~0.52μm）、B2（0.52~0.59μm）、B3（0.63~0.69μm）B4（0.77~0.89μm）、PAN（0.45~0.9μm）				

2）IKONOS 卫星

表 2-5　IKONOS 卫星主要参数

轨道高度	681km	轨道倾角	98.1°	轨道周期	98min
重复周期	140 天	两侧侧视	±30°	扫描带宽	11km
空间分辨率	全色1m、多光谱4m	星载传感器		CCD	
光谱范围	B1（0.45~0.52μm）、B2（0.52~0.60μm）、B3（0.63~0.69μm）B4（0.76~0.86μm）、PAN（0.45~0.9μm）				

3）QuickBird 卫星

表 2-6　QuickBird 卫星主要参数

轨道高度	450km	轨道倾角	98°	轨道周期	93.5min
重复周期	1~3.5 天	两侧侧视	±25°	扫描带宽	16.5km
空间分辨率	全色0.61m、多光谱2.44m	星载传感器		CCD	
光谱范围	B1（0.445~0.52μm）、B2（0.52~0.60μm）、B3（0.63~0.69μm）B4（0.76~0.90μm）、PAN（0.45~0.9μm）				

4）WorldView-3 卫星

表 2-7　WorldView-3 卫星主要参数

轨道高度	617km	轨道倾角	97.97°	轨道周期	97min
两侧侧视	±25°	扫描带宽	13km	星载传感器	CCD
空间分辨率	全色 0.31m，多光谱 1.24m					
光谱范围	B1（0.45~0.52μm）、B2（0.52~0.60μm）、B3（0.625~0.695μm）、B4（0.76~0.90μm）、PAN（0.45~0.8μm）				

5）COSMO-SkyMed 雷达卫星

表 2-8　COSMO-SkyMed 雷达卫星主要参数

轨道类型	太阳同步轨道（晨昏）	轨道高度	619.6km	轨道倾角	97.86°
数据产品技术指标					
成像模式		图像分辨率	覆盖范围	入射角	极化方式
聚束模式（SPOTLIGHT）		1m×1m	10km×10km	20°~60°	HH、VV
条带模式（STRIPMAP）	Himage	3m×3m	40km×40km		HH、HV、VH、VV
	Pingpong	15m×15m	30km×30km		双极化组合 HH/VV、HH/HV、VV/VH
扫描模式（SCANSAR）	Wideregion	30m×30m	100km×100km		HH、HV、VH、VV
	Hugergion	100m×100m	200km×200km		

2.5.3　遥感卫星地面接收站

遥感卫星地面接收站，是跟踪、接收、记录、处理遥感卫星数据的地面系统。

1. 遥感卫星接收系统的构成

遥感卫星接收系统组成如图 2-20 所示，其主要由四个部分组成。

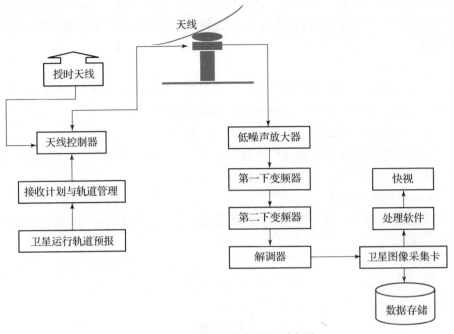

图 2-20 遥感卫星接收系统组成框图

（1）天线系统：主要用于跟踪和接收卫星信号。它包括抛物面天线、天线基座、天线伺服机构、馈源等。

（2）天线控制系统：用于控制天线跟踪卫星。它包括天线驱动控制器、卫星数据跟踪接收机、轨道计算软件系统、卫星校时系统等。

（3）信道系统：用于完成对卫星遥感信号的放大变频、解调和采集。它包括高放低噪声放大器（LNA）、频率综合器（X、L下变频器）、遥感卫星数据解调器、高速图像数据采集卡、数据采集与快视软件等。

（4）接收系统计算机：主要负责接收过程的所有数据计算、处理和存储。它包括主接收处理计算机、天线控制及轨道计算机和磁盘阵列等。

2. 遥感卫星图像接收控制流程

1）轨道预报

利用卫星的轨道参数（由遥感卫星业主提供、通过跟踪卫星测量轨道计算得到），根据本地的地理位置数据（地面站的准确经纬度），以及所设定的接收天线起始和结束仰角，计算出卫星的轨道预报数据（入境时间、入境方位角、入境仰角、出境时间、出境方位角、出境仰角、过顶仰角等），在卫星到达之前，将轨道预报数据、卫星工作频率传输到天线控制器，由天线控制器驱动天线到指定位置等待接收卫星数据。同时，为了确保接收时间的准确性，在向天线控制器发送轨道数据时，通过卫星导航受时自动校准时间，使星地时间同步。

2）信号接收

卫星入境，天线自动跟踪卫星，信号出现，激活接收程序，卫星信号通过信道系统放大变频、解调、解密处理，形成数字信号。

3）图像采集与回放

卫星的数字信号通过高速图像数据采集卡，采集为图像数据，通过快视软件实时回放接收过程的卫星遥感图像。

4）图像数据存储

通过高速图像数据采集卡采集的图像数据，传输到接收计算机的数据存储磁盘阵列保存。

思考题

1. 什么是遥感？遥感技术系统组成有哪些？
2. 遥感平台怎样分类？举例说明。
3. 什么是电磁波谱？遥感使用的主要波段有哪些？这些波段图像有何区别？
4. 航空图像和卫星图像有什么特点？

第3章
遥感图像及其判读特性

遥感图像是遥感技术系统所生产出来的基础产品，也是遥感应用于各专业领域的基础性数据。遥感图像是对地面物体电磁波辐射的记录，它不仅包含了物体的空间信息，还包含物体的光谱信息。本章主要介绍遥感图像分辨率、遥感图像分类及其判读特性。

3.1 遥感图像分辨率

遥感是从空间感知地面的特征和变化，其范围可从全球到细部的不同尺度层次间的变化。在遥感图像应用中，分辨率是一个至关重要的概念，且表现为多重含义。遥感图像分辨率，是成像系统对图像细节分辨能力的一种度量，也是图像中目标细微程度的指标，它表示景物信息的详细程度。这里强调"成像系统"，是因为系统的任一环节都有可能对最终图像分辨率造成影响。对"图像细节"的不同解释又会对图像分辨率有不同的理解。把图像目标的空间细节在图像中可分辨的最小尺寸称为图像的空间分辨率；对图像光谱细节的分辨能力的表达称为光谱分辨率；对图像成像过程中对光谱辐射的最小可分辨差异称为辐射分辨率；而把对同一目标的序列图像成像的时间间隔称为时间分辨率。

3.1.1 空间分辨率

空间分辨率，是指遥感图像上能够详细区分的最小单元的尺寸或大小，是用来表征图像分辨地面目标细节能力的指标，也称地面分辨率。常用像元（素）、视场角或图像分辨率来表示。

像元（pixel）是指将地面信息离散化而形成的格网单元，像元值越小，空间分辨率越高。

视场角（field of view，FOV）是指遥感器的张角，即瞬时视域，又称为传感器的角分辨率。

图像分辨率（Photographic Resolution），是用单位距离内能分辨的线宽或间隔相等的平行细线的条数来表示，单位为线/毫米或线对/毫米。

对于光电遥感器图像，空间分辨率通常用地面分辨率和图像分辨率来表示。地面分辨率定义为图像能够详细区分的最小单元（像元）所代表的地面实际尺寸的大小。例如，"高分二号"遥感卫星全色图像的地面分辨率为1m，表示一个像元相当于地面尺寸为1m×1m。

对于特定的遥感器，其地面分辨率是不变的定值。只有当生成硬拷贝遥感图像时，才使用图像分辨率，它会随图像比例尺的变化而变化。

1972年美国宇航局发射的陆地卫星（Landsat-1），开拓了地球资源卫星技术的先河。经过60年的发展，卫星遥感图像的空间分辨率已由原来的数十米级发展到现在分米级。例如，2008年发射的"Eartheye-1"遥感卫星，全色波段空间分辨率达到0.41m，我国于2016年12月发射的"高景一号"遥感卫星，全色波段空间分辨率达到0.5m。

当今的遥感卫星是星光灿烂，形成了观测地球空间的图像金字塔。遥感探测器的分辨率由千米级、百米级、十米级、米级、分米级，一个多空间尺度的海量遥感数据业已形成，特别是亚米级的对地观测数据，将极大地促进遥感应用的发展。

3.1.2　光谱分辨率

遥感器接收目标辐射波谱时，能分辨的最小波长间隔，称为光谱分辨率。

一般来说，遥感器的波段数越多，波段宽度越窄，越容易区分和识别地面物体的信息。足够的光谱分辨率可以区分出那些具有诊断性光谱特征的地表物质。

光谱分辨率的提高是自遥感发展以来一个重要趋势。早期陆地卫星（Landsat）MSS遥感器只有4个波段，波段间隔为100~200nm。其后的TM遥感器有7个波段，它在可见光区的光谱分辨率为60~80nm，在红外区的光谱分辨率为150~1100nm。20世纪80年代开始发展的成像光谱仪极大地提高了光谱分辨率，开辟了高光谱遥感。在航天领域，除了美国EOS（对地观测）计划中的MODIS和欧洲空间局的MERIS（均为中分辨率成像光谱仪）之外，还有Orbimage公司的OrbView卫星（280波段），日本的ADOS-Ⅱ卫星的GLI遥感器（219波段），我国"高分五号"遥感卫星AHSI高光谱相机（330波段）。

通常，光谱分辨率越高，效果越好。但对于特定的目标，选择的遥感器并非波段越多。因此，要根据目标的光谱特征和必需的地面分辨率综合考虑。

3.1.3 辐射分辨率

辐射分辨率是表征遥感器所能探测到的最小辐射功率的指标。归结到图像上是指图像记录灰度值的最小差值。在可见光到近红外波段，遥感器的辐射分辨率取决于它所记录的目标辐射（主要是反射）功率的最小值。对热红外波段的遥感器来讲，其辐射分辨率也称为温度分辨率。

温度分辨率是指热红外传感器分辨地表热辐射（温度）最小差异的能力，它与探测器的响应率和遥感器系统内的噪声有直接关系，一般为噪声等效温度的 $2\sim6$ 倍。为了获得较好的温度鉴别力，红外系统的噪声等效温度限制在 $0.1\sim0.5K$ 之间，而使系统的温度分辨率达到 $0.2\sim3.0K$。

3.1.4 时间分辨率

时间分辨率是指对同一目标进行重复探测时，相邻两次探测的时间间隔。

时间分辨率包括两种情况：一种是遥感器本身设计的时间分辨率，受卫星运行规律影响，不能改变；另一种是根据应用要求，人为设计的时间分辨率，它一定等于或小于卫星传感器本身的时间分辨率。

根据回归周期的长短，时间分辨率可分为三种类型。

（1）短周期时间分辨率：可以观测到一天之内的变化，以小时为单位。例如，气象卫星属短周期时间分辨率卫星，一般每隔 $0.5h$ 或 $1\sim2h$ 可获得同一地区的图像。我国的"高分四号"地球同步轨道卫星，轨道高度 36000km，定点在东经 $105.6°$ 的赤道上，可获取空间分辨率为 50m 的可见光近红外图像，其时间分辨率为 20s。

（2）中周期时间分辨率：可以观测一年或一个季度之内的变化，以天为单位。资源卫星都属于中周期时间分辨率卫星，如"高分2号"卫星回归周期为 69 天，但由于其传感器安装了侧摆装置，其时间分辨率比 69 天短得多，可达到 5 天。

（3）长周期时间分辨率一般以年为单位的变化。

时间分辨率在遥感中意义重大。利用时间分辨率可以进行动态监测和预报，可以进行自然历史变迁和动力学分析等，图像情报专业最需要短周期时间分辨率的遥感图像。

3.2 遥感图像分类

遥感图像的种类多种多样，目前对遥感图像还没有标准统一的分类方法，所以，同一遥感图像在不同场合有不同的称呼。通常，遥感图像分类主要有：按照取得图像的高度、按照获取图像的方式、按照投影方式、按照记录的波段、按照图像的颜色等进行分类。

（1）按照取得图像的高度分类：可分为地面图像、航空图像和航天图像，由于航天图像主要是由遥感卫星获得的，所以有时也称为卫星图像。

（2）按照获取方式分类：有摄影图像、固体（推扫）扫描图像和雷达图像等。

（3）按照投影方式分类：可分为面中心投影图像、线（行）中心投影图像、斜距投影图像等。

（4）按照记录的波段分类：大体上可分为全色图像、蓝光图像、绿光图像、红光图像、近红外图像、热红外图像、微波图像等。

（5）按照图像的颜色分类：可分为黑白图像和彩色图像，彩色图像根据图像颜色与地物颜色的对应关系，可分为自然彩色图像和合成假彩色图像等。

从分析遥感图像的判读特性的需要出发，将光学遥感图像划分为全色图像、多光谱图像和彩色图像进行分析，同时，对非光学遥感图像雷达图像的判读特性也在本章做简要介绍。

3.3 全色图像及其判读特性

3.3.1 全色图像

正常的人眼可以看见电磁波谱中 $0.4\sim0.7\mu m$ 的波段，这一波段被称为可见光谱。传感器获取地物在可见光谱段的反射信息，以数字形式记录到介质上，以灰度形式表现的图像，称为全色图像。常见的全色遥感图像有：成像在全色航空胶片的全色航空像片，航空数码遥感器在全色波段成像的全色图像，星载遥感器在全色波段成像的全色图像等。

自然界色彩斑斓的地物，在全色图像上以不同灰度层次的色调表现出来，全色图像的色调反映了不同地物的特征。在摄影条件相同的条件下，全色图像的色调主要取决于地物的反射特性，反射率大的地物成像色调浅，反射率小的地物成像色调深。

通常，全色图像以灰度图像形式展示，以灰度值来表示像元的信息，如8bit的全色图像，其灰度值范围为 0~255，0 代表黑色，255 代表白色，在全色图像上，每一像元都对应有一个灰度值，代表该像元的色调。

评价一幅全色图像的质量，通常用亮度和反差两个基本要素来描述。亮度反映景物的明亮程度，反差则是指景物的明亮部分和阴暗部分亮度的差别程度，黑白分明即明暗差别大的，称反差大；反之，反差小。理想的全色遥感图像应该是全幅图像亮度适中，反差适中。

由于光学遥感图像都是光线通过镜头后成像，镜头本身的光学属性和受加工工艺的影响，在像平面的照度从中心逐渐向边缘减弱，因此，在图像上，反射率相同的地物，由于位置不同，其图像色调也不一致，靠近主点位置的图像较亮，远离主点的图像较暗。为了解决照度不同的问题，航空和航天摄影机都增加了照度补偿装置，使像面上的照度分布满足人眼观察的需要。

3.3.2 全色图像判读特性

在图像判读方面，色调特征是全色遥感图像判读的主要特性。一般情况下，现实世界上颜色深的地物，如黑、紫、红、青、绿颜色的地物，其在全色图像上呈深灰色，而颜色浅的地物，如白、黄、蓝颜色的地物，其在全色图像上呈浅灰色。

空间分辨率高的全色图像判读，形状特征是一个重要的判读特征，由于我们大脑对大自然的地物形状有深刻的印象，因此，图像上地物的形状将是识别地物的首要依据。

空间分辨率低的全色图像判读，纹形图案特征是判读的重要特征。由于无法识别单个细小地物的形状，但众多的细小地物组合，其图像呈现出某种色调有规律、重复性的纹形图案，这些纹形图案是识别地物类别的重要特征。

3.4 多光谱图像及其判读特性

3.4.1 多光谱图像

多光谱扫描仪或成像光谱仪获取地物在多个特定波段电磁波反射和辐射信

息，所成的图像称为多光谱图像。

多光谱图像不仅反映了常规图像上具有的地物空间特征，它还分别记录同一地物在不同波段上的光谱反射特性，这种获取地物"谱像合一"的成像光谱技术，有利于地物性质的识别，特别是为地物的自动分类提供了更多有价值的信息。

多光谱图像，是按波段的区间区分的遥感图像。例如，4波段多光谱图像，7波段多光谱图像，36波段多光谱图像等。而当光谱分辨率达到10nm以上时，这类图像通常称为高光谱图像。例如，机载可见光/红外成像光谱仪（AVIRIS）可提供覆盖光谱范围为 $0.2 \sim 2.4 \mu m$，200个谱段的高光谱图像。近几年，发展了一种基于方位和光谱的三维信息探测（两维空间 x 和 y，波长 λ）的技术，可在紫外至远红外波段以高光谱分辨率（<10nm）对指定空域监视，以获取目标的细微特征和获得常规侦察手段难以得到的信息，这种技术就是超光谱技术，所获取的图像为超光谱图像。每个波段的多光谱图像与全色波段图像一样，以黑白图像形式展示，以灰度值来表示像元的信息。

在多光谱图像上，每一个像元由多个（波段数）灰度值描述，灰度值表示该像元对应的地物在某一波段的反射能力。由于地物在不同波段上反射电磁波的能力不同，地物在不同波段上的图像色调也不一致。例如，水体在蓝光波段的图像上呈灰色，在其他波段的图像上呈浅黑色；植被在蓝光波段的图像上呈浅黑色，在绿光波段的图像上呈浅灰色，在红光波段的图像上呈浅黑色，在近红外波段的图像上呈亮白色。在实际应用中，往往很少利用单一波段的多光谱图像进行目标判读，而是根据应用目的，利用多光谱图像彩色合成手段，把不同波段的图像合成为自然彩色图像或假彩色图像，以提高其目标判读效果。

在多光谱摄影时，选择合适的波段十分重要。如果波段选择合适，可从图像上区分出较多的目标，甚至在常规图像上无法区分的目标也能识别出来。选择摄影波段一般是根据图像识别的目的和地物的光谱反射特性来进行。下面选择几个常用的波段图像，简要介绍其图像特性。

1. 蓝光波段图像

蓝光波段（$0.4 \sim 0.5 \mu m$）。它记录的是地物在蓝光波段的反射信息。该波段对水体有较好的穿透能力，其对浅水地貌判读较为有利。不同清澈程度的水体在此波段有不同的反射能力，当水中浮游生物含有一定的叶绿素时，它对蓝光反射能力差，因此该波段图像可用于水体浮游生物含量的判读与测量。同时，被污染的水体，在该波段的反射率较低，该波段图像可用于水体污染监测。另外，一般地物对蓝色波段的反射能力较低，但雪山反射能力很强，所以蓝色波段雪山与其他地物的界线分明，有利于雪山范围和雪山水量的调查和分析。但是，蓝色波段受大气散射的影响最严重，图像质量较差。

2. 绿光波段图像

绿光波段（$0.5 \sim 0.6 \mu m$）。它记录地物在绿光波段的反射信息。对水体有最强的穿透能力，其透射深度一般可达 $10 \sim 20m$，清水可达 $50m$，对水底地貌判读很有利。植被在绿色波段有一个反射峰值，图像上容易区分植被的分布范围，可用于林业资源分布及草场分布的调查。水体在该波段反射率较低，容易与其他地物相区别，可用于水域分布的调查。另外在 $0.4 \sim 0.5 \mu m$ 蓝光波段和 $0.5 \sim 0.6 \mu m$ 绿光波段的比值图像上，可反映水体的蓝绿比值，能估算水体中的可溶性有机物和浮生物含量，用于海洋资源调查。

3. 红光波段图像

红光波段（$0.6 \sim 0.7 \mu m$）。它记录地物在红光波段的反射信息。该波段受大气散射影响小，获得的图像对比度和清晰度较高，对人文地物和地貌构造的判读非常有利。植被和水体的反射率较低，可用于植被范围及水域范围的确定。在该波段，健康的植物和有病虫害的植物有明显的反射差别，所以红光波段图像有利于识别受病虫害侵蚀的树林或森林。同时，红色波段图像上不同地质构造线清晰，常用于地质分析。

4. 近红外波段图像

近红外波段（$0.7 \sim 1.1 \mu m$）。它记录地物在近红外波段的反射信息。该波段不受大气散射的影响，地物图像清晰。植被在近红外波段有较高的反射峰值，并且不同种类植被、健康和非健康植被的反射率差异较大，它们在图像上表现出不同的色调。健康的植物和有病虫害的植物有明显的色调差别，病虫害的植物枝叶的叶绿素破坏严重，反射近红外的能力差，呈暗色调，而对于生长期的植物来说，长势良好，枝叶茂密的植物反射近红外能力强，在图像上呈亮色调，而长势不好的植物其图像色调较暗，所以，近红外波段对植被范围、植被种类和植被的生长状况判读非常有利。同时，水域对近红外的反射能力很差，在图像上，水域、湿地和其他物体的色调差异较大，有利于它们之间的区分。另外，由于该波段图像对绿色伪装下的物体有揭露作用，它常被用来进行军事目标侦察。

5. 短波红外波段图像

短波红外波段（1.55~1.75μm）。地物在此波段的反射率与其含水量有很大关系。常用于土壤含水量监测、植物长势调查、地质调查中的岩石分类等用途。土壤含水量的大小直接影响对该波段的反射，含水量高反射率下降。因此，该波段常用于土壤含水量监测和农业旱情调查；植被的含水量差别也会在其反射率大小上体现出来，所以用它调查植被长势情况和区分农作物的生长期；不同类型的岩石在该波段的反射率差异较大，有利于在地质调查中对岩石进行分类。

6. 热红外波段图像

热红外波段（10.4~12.6μm）。该波段记录的不是地物的电磁波信息，而是地物本身的热辐射特征。在目标识别和图像分析中，热红外图像有着十分重要的作用。热红外图像的色调是物体温度差别的反映，它包含了某些物体的活动状态。活动火山与死火山、失火的森林与正常的树林、发动的飞机与未发动的飞机等在热红外图像上有较大的色调区别。热红外图像在地热资源调查中有很高的利用价值，在军事目标探测中也有很高的利用价值。

热红外图像是地物温度的体现，由于地物吸收太阳能量会提高自身的温度，所以它受太阳照射的影响较大。不同摄影时间或天气，由于同一地物的温度变化较大，其图像色调有明显的差别。例如，水体比陆地的热惯性大，白天在太阳的照射下陆地的温度比水高，在热红外图像上色调比水体浅；而在子夜，陆地温度比水体低，这时的热红外图像陆地的色调比水体要深。所以，在用热红外图像进行判读时，要注意遥感的季节、时间和天气情况。

热红外图像可用于森林火灾的监测。常温森林的热辐射能量主要集中在8~12μm，而森林火灾区的热辐射能量集中在3~5μm，因此，不同波段的热红外图像可用于森林火灾监测。热红外图像与近红外图像配合使用，可监测农作物的长势和收成情况，进而可进行农作物的估产。

3.4.2 多光谱图像判读特性

多光谱图像显示地物的光谱特征比全色图像强得多，它能表示出地物在不同光谱段的反射率变化。对于多光谱图像，可以使用比较判读的方法，将多光谱图像与各种地物的光谱反射特性联系起来，达到正确判读地物的属性和类型。

在图 3-1 中，给出了可见光全色和近红外两个波段的图像。以其中四种地物来说明多光谱图像判读的有效性，这四种地物分别为草、水泥、沥青、土壤。假设仅用一幅可见光全色图像，如图 3-1（a）所示，并且仅用色调（注意暂不用空间特性）来判断，则草和沥青无法区分，水泥和土壤的色调也十分接近；假设仅用一幅近红外图像，如图 3-1（b）所示，则草与水泥的色调又十分相近，沥青和土壤的色调也比较接近，都将无法区分。可见，仅用单幅图像、单一特征容易混类，也难以确定图像的属性。若使用多光谱图像的两个不同波段图像，将两幅图像放在一起比较判读，并且与地物的反射波谱特性曲线联系起来分析。将会发现，在可见光波段上水泥和土壤、草和沥青的灰度分别比较接近；在近红外片上草与水泥、土壤与沥青的灰度分别比较接近，是符合图像上的实际情况的，这样就可以肯定是四种不同的地物。

(a) 全色波段图像　　　　　　(b) 近红外波段图像

图 3-1　全色波段图像与近红外波段图像判读比较

判读多光谱图像的另一种有效方法是将几个波段进行自然彩色合成或假彩色合成，突出某些地物特征，然后再进行判读，具体判读方法下一节介绍。

3.5　彩色图像及其判读特性

彩色图像是用颜色表示地物的，一般认为由三个不同波段的多光谱图像组合，就可以合成一幅彩色图像。彩色图像的三个分量被定义为蓝、绿、红，即颜色的三原色，彩色图像就是三原色的混合结果。

彩色图像可用颜色的三个基本要素：色度、明度和饱和度来描述（HLS）。物体在图像上的色度与物体反射特性曲线上的峰值波长有关；明度则取决于物体反射能量的强度；饱和度则体现了峰值波长与其他波长处反射强度的比例关系，显然，峰值波长与其他波长处的反射强度差别越大，颜色的饱和度就越大。

通常，彩色图像中的每一像元，可用红、绿、蓝的灰度值（RGB）来表示，各波段的灰度值范围为 0~255；也可用色度、明度和饱和度来描述（HLS）。

在图像判读方面，相对于黑白图像，彩色图像有两个突出的优点：

（1）直观、真实。地面物体五颜六色，以黑白方式显示景物是一种不完全的信息表现形式，它既缺乏丰富多彩的表现力，也缺乏真实感。彩色图像用色彩表示地物，虽然色彩不一定与实物完全对应，但符合人们观察物体的习惯。

（2）信息丰富，有利于目视判读。在目视判读中，因受视觉功能的限制，人眼对黑白灰度的辨别能力很有限，实验表明，正常人的眼睛，能分辨出来的灰度阶数只有 10 级左右。而对于颜色，能分辨出波长间隔为 2~4nm 的色光，如果按 3nm 间隔计算，在可见光范围，人眼能分辨的色彩达 100 多种，再加上颜色的明度和饱和度，人眼能分辨出更多种类的色彩。

彩色图像可分为自然彩色图像和合成假彩色图像两大类，它们的判读特性有所差异。

3.5.1 自然彩色图像及其判读特性

常用的自然彩色图像有自然彩色航空摄图像片、多光谱图像彩色合成图像、由高分辨率的全色波段图像与多光谱图像融合处理的航空或遥感卫星图像等。

对于自然彩色图像的判读，色彩是一个重要的判读特征，自然彩色图像上的图像色彩与我们用眼睛在太阳光辐射下观察实际地物的色彩基本一致，因此，通常也称真彩色图像。当然，在实际图像获取和合成中，要做到准确的彩色复原，即图像颜色与景物颜色完全一致是非常困难的。一方面季节、生长状态等客观条件的影响，地物真实颜色会发生变化；另一方面，图像获取时的天气条件、成像设备也会影响图像上地物颜色。因此，在实际判读中，也要充分认识图像的颜色与地物实际颜色的差异，避免造成错判。

3.5.2 合成假彩色图像及其判读特性

为了突出某些地物或目标的判读识别特征，将不同光谱段的单波段图像按照自然彩色图像三原色彩色合成的方法，合成彩色图像。但是合成的彩色图像上的地物色彩与观察实际地物的色彩不一致,因此称其为假彩色图像。目前,航空遥感和航天遥感能获取的多光谱图像有数十个甚至数百个波段,按照三个波段组合,将有很多的组合方式,合成的假彩色图像也会很多。下面,选择几个常用的合成假彩色图像作简单介绍。

1. 彩色红外合成图像

在彩色合成时,把近红外波段的图像作为合成图像的红色分量,把红色波段的图像作为合成图像的绿色分量,把绿色波段的图像作为合成图像的蓝色分量进行合成,该合成的图像称为假彩色红外图像,主要用于突出植被要素。

植被在近红外波段有较高的反射率,其次是在绿色波段。按上述方法进行彩色合成时,红色分量(对应于植被的红外波段的反射)在整个像素的三个分量中占的比重最大,所以该像素表现为红色,也就是植被以红色的颜色出现。由于健康植被反射近红外线的能力比反射绿色的能力强得多,所以在假彩色红外图像上植被都呈现不同深度的红色,便于识别分析植被的生长情况。在假彩色红外图像上,涂饰成绿色的军事目标反射近红外的能力很弱,所以呈蓝色调,这样很容易把经过伪装的军事目标识别出来。

早期的红外假彩色像片与假彩色红外图像特点相似,而红外彩色像片是第二次世界大战期间研制的,用来探测伪装植被的涂饰目标。由于这种原因,常把红外假彩色像片称为"伪装侦察像片"。红外假彩色像片广泛应用于目标识别、环境监测、灾害监测和资源勘查等多个领域。

2. 典型的彩色合成图像

(1) 适合于水体判读的彩色合成图像。用4、3、2波段,即B4(0.75~0.90μm)、B3(0.63~0.69μm)、B2(0.525~0.605μm)作彩色合成图像,适合于用目视判读的方法提取水体,能有效地将水体与阴影区分开,特别适合山区水体的判读识别,也适合于冰山的区分识别。

(2) 适合于居民地判读的彩色合成图像。利用B7(2.09~2.35μm)、B5(1.55~1.75μm)、B4(0.75~0.90μm)波段彩色合成,将能突出居民地的信息,有利于居民地的判读识别。

(3) 合于岩石判读的彩色合成图像。利用B5(1.55~1.75μm)、B4(0.75~0.90μm)、B3(0.63~0.69μm)波段彩色合成,岩性信息更加突出,有利于进行岩性的提取和区分。同时,该组合也能较好地区分水田和河流。

3.6 侧视雷达图像及其判读特性

由成像雷达（侧视雷达、合成孔径侧视雷达）遥感器，发射一定波长和功率的高频电磁波波束，然后接收该波束被目标散射或反射返回的信号，经处理后形成的图像，称为雷达遥感图像。雷达遥感图像也是以灰度图像的形式表示，雷达图像上的图像色调深浅，取决于雷达接收到地面目标回波强度，回波功率强，图像色调浅，回波信号弱，图像色调深。雷达接收到的回波强度可用雷达方程表示，即：

$$P_r = \frac{P_t G_t G_r \lambda^2 \delta}{4\pi^3 R^4} \qquad (3-1)$$

式中：P_r 为雷达接收到的回波功率；P_t 为雷达的发射功率；G_r 为接收天线功率增益；G_t 为发射天线功率增益；λ 为雷达发射波长；δ 为目标的微波散射特性；R 为目标到天线的斜距。

对于一个特定的雷达系统，接收的回波强度除了与斜距有关外，主要取决于目标的散射特性 δ。而散射特性与雷达系统的极化方式、探测角度、目标的表面粗糙度和目标的复介电常数等有关。所以，影响雷达图像色调的主要因素有：

（1）平台高度。平台高度的大小会影响微波在大气中传播路程的长短，从而会影响微波传输的透过率。微波传输会受到大气分子的吸收和散射的影响，从而产生衰减。微波衰减与平台高度 H 成正比，平台越高，同一目标的图像色调越深。

（2）探测角。探测角引起反射率变化，探测角小，目标反射率大，图像色调浅；探测角与透视收缩、顶底位移及阴影有关，探测角大，发生透视收缩、顶底位移及阴影的可能性就大；随着探测角的增加，方位向上的阴影效果被突出，会压盖许多地物而造成判读困难。

（3）复介电常数。复介电常数与物体导电、导磁性有关。复介电常数越大，反射雷达波束的作用就越强，穿透作用越小；复介电常数与物体含水量有关，含水量越大，复介电常数越大，因而色调浅；一般情况下，金属物体比非金属物体的复介电常数大；潮湿的土壤比干燥的土壤复介电常数大。

（4）雷达波长。雷达波长可从两个方面影响目标的回波功率。其一是按波长去衡量地物表面的有效粗糙度，对同一地物表面粗糙度，波长不同，其有效粗糙度不同，对雷达波束的作用不同；其二是波长不同，复介电常数不

同，复介电常数不同会影响到地物目标的反射能力的大小和电磁波穿透力的大小。

（5）表面粗糙度。光滑表面有时会发生镜面反射。如果雷达天线位于镜面反射的方向上，可以接收到很强的回波，图像上呈亮色调。雷达天线位于其他位置时，接收不到回波，图像呈深色调。粗糙的表面发生方向反射或者漫反射，有较强的回波，图像的色调较浅。一般情况下，粗糙表面在图像上是亮色调，稍粗糙表面是灰色调，光滑表面图像呈暗色调。

（6）目标类型。对于面目标，如草地或农田，它由许许多多同一类型的物质或点组成，这些物质或点的位置分布是随机的，它们接收的电磁波相位各不相同，而且其回波的相位、振幅也是随机的，其中没有任何一个物点的回波在回波总功率中占主导地位。天线接收的信号往往是形成周期性信号，造成图像上这类地物最强信号到最弱信号的周期性变化，并非灰度均匀，而是一系列亮点和暗点相间的图斑，形成了"光斑"效应。当回波在一个分辨单元相加时，像元呈亮点，当回波在一个分辨单元相反时，相互抵消，呈暗色调。点目标是指比分辨单元小很多的地物目标，其回波在回波总功率中占主导地位，它的图像比实际地物大。硬目标是具有较大的散射截面，在侧视雷达图像上呈亮白色图像的物体，这种目标既不占有相当面积，又不限制在分辨单元之内，它们在图像上表现为一系列亮点或一定形状的亮线。例如，与雷达波垂直的高压线、金属板、桥梁、铁路、金属塔架和坦克等。角反射目标，如墙与墙，墙与地等构成角反射器，波按原方向返回，因此，与雷达波垂直的街道，成排房屋，街区或居民地，高于地面的堤坝，行树及沟堑等呈白色。

（7）极化方式。极化是指电磁波的偏振方式。水平极化用 H 表示，即电磁波的电场矢量垂直于入射面；垂直极化用 V 表示，即电磁波的电场矢量平行于入射面。雷达在发射与接收信号时，有四种极化方式，即 VV、HH、VH、HV，其中 HH、VV 极化方式的图像称同类极化或平行极化图像；HV、VH 极化方式的图像称为正交图像。地物在不同极化方式的雷达图像上所表现出的图像色调是不一样的，一般地物在 HH 极化方式下回波信号最强。由于极化方式对目标回波强度影响较大，有时为了识别某些特定目标（如海浪、道路性质等），也采用正交极化方式获取图像。

雷达图像不能记录与颜色有关的信息，记录的某些地物信息属于人的视觉不可见的信息。因此，判读雷达图像有时是比较困难的，只有充分认识影响雷达图像色调的因素，掌握其成像规律，才能有能力判读雷达图像。

3.7 图像处理基本知识

图像处理，用计算机对图像进行分析，以达到所需结果的技术。图像处理技术一般包括图像压缩、增强和复原、匹配、描述和识别等部分，本章主要介绍图像增强和图像融合基本的知识。

3.7.1 图像增强处理

图像增强处理是将原来不清晰的图像变得清晰或强调某些感兴趣的特征，抑制不感兴趣的特征，使之改善图像质量，丰富信息量，加强判读识别效果的图像处理方法。图像增强处理包括空间域增强和频率域增强两种方法。

1. 图像的数字表示形式

一幅图像用数字表示，就是一个二维数组，该数组中的元素就是像素。对于灰度图像来说，数组像素的取值范围是 [0, 255]，这就是我们经常提到的 256 灰度图像，0 表示纯黑色，255 表示纯白色，中间的数字从小到大表示由黑到白的过渡色即灰色。若 M、N 分别表示图像的行列数，那么，一幅灰度图像可用 $M \times N$ 二维矩阵表示。而彩色图像是用红（R）、绿（G）、蓝（B）三原色的组合来表示每个像素的颜色。每一个像素的颜色值直接存放在图像矩阵中，由于每个像素的颜色需要用红、绿、蓝三个分量来表示，如果 M、N 分别表示图像的行列数，那么，三个 $M \times N$ 的二维矩阵分别表示各个像素的红、绿、蓝三个分量。

2. 空间域增强

空间域是指图像平面所在的二维空间。空间域增强则是指在图像平面上，应用某种数学模型，通过改变图像像元灰度值达到增强的效果，这种增强不改变像元的位置，也可以简单理解为空间域增强就是直接对图像各像素进行处理的一种技术方法。常用的方法是反差增强、线性增强、非线性增强、直方图均衡化增强和直方图匹配增强等方法。

空间域增强最常用的方法是反差增强（或称对比度增强），主要是通过改变图像灰度分布态势，扩展灰度分布空间，达到增加反差的目的，如 Photoshop 中的"亮度/对比度"调整。

线性增强，若增强前后灰度函数还保持原来的线性斜率，称为线性增强，也称线性拉伸，如 Photoshop 中的"色阶"调整。

非线性增强，变换函数为线性方程以外的初等函数，如 Photoshop 中的"曲线"调整。

直方图均衡化增强，是指使原图像灰度直方图变成规定形状直方图而对图像做修正增强，将每个灰度空间等概率分布代替原来的随机分布，即增强后每个灰度级内均有数目相同的像元。所谓灰度直方图，是反映图像中每一灰度级与其频率间的关系图。

直方图匹配增强，是把原图像的灰度直方图变换为某种指定形态的直方图或某一参考图像的直方图。

此外，空间域增强方法还有图像平滑和图像锐化增强处理方法。平滑一般用于减弱图像噪声，常用的算法有均值滤波、中值滤波。锐化的目的在于突出物体的边缘轮廓，便于目标识别，常用的算法有：梯度法、高通滤波、统计差值等，如 Photoshop 中的"滤镜"菜单所列的功能。

3. 频率域增强

频率域增强，是指在图像某种变换域内，对图像的变换系数值进行某种修正，然后通过逆变换获得增强图像。频率域法属于间接增强方法，常用的方法有低通滤波增强、同态滤波增强等。

3.7.2 多光谱图像融合

遥感图像信息融合，是将多源遥感数据在统一的地理坐标系中，采用一定的算法生成一组新的信息或合成图像的过程。不同的遥感数据具有不同的空间分辨率、光谱分辨率和时间分辨率，图像信息融合的目的是充分利用待融合图像的空间、光谱、时间分辨率的优势，融合后的图像包含了它们在空间、光谱、时间分辨率方面的优势信息，弥补了单一图像信息不足的缺点，提高了遥感图像判读与定位能力。

遥感图像融合的基本过程：

（1）根据融合目的选择待融合图像。不同类型遥感器的图像有不同的信息特点，如高分二号遥感卫星图像、全色波段空间分辨率1m、多光谱图像（蓝、红、绿、近红外波段）空间分辨率4m，将全色波段与多光谱波段融合后得到的新图像，既保持了全色波段高空间分辨率（1m），又有丰富光谱信息

（自然彩色图像或假彩色图像）。当然，除了同一颗卫星各波段遥感数据融合外，也可根据不同的应用目的，选择不同卫星不同遥感器的遥感数据进行融合，得到有利于应用的图像。

（2）图像配准。图像配准的目的是统一图像的坐标系统，将待融合的所有图像都归化到同一坐标系统，保证同一地物图像的相应像元在几何位置上相对应。配准的方法是：以某个待融合图像的坐标系为基准，在图像上选择一定数量、满足一定分布的图像特征点作为配准点，量测其在各自图像上的坐标，然后利用多项式或图像相应成像几何模型对其进行几何纠正，重采样变换为坐标系统一的新图像。

（3）融合计算。选择一种融合算法，将配准后的待融合按算法进行计算，生成一组新的合成图像。图像数据融合的算法主要有：基于彩色空间变换融合算法、主成分变换融合算法、小波融合算法和加权融合算法等。

思考题

1. 遥感图像分辨率有哪些？它们对图像判读有何影响？
2. 什么是全色图像？如何利用全色图像进行判读？举例说明。
3. 什么是多光谱图像？如何利用多光谱图像进行判读？举例说明。
4. 什么是自然彩色图像和合成假彩色图像？举例说明它们的判读特性有何差异？
5. 雷达图像的色调与哪些因素有关？
6. 图像增强的作用有哪些？如何进行图像增强？举例说明。

第4章 遥感图像判读原理与方法

根据作业人员的经验和知识，按照应用的目的识别图像上的目标，并定性、定量地提取目标的形态、构造、功能、性质等信息的技术过程，称为遥感图像目视判读。尽管它是最古老、最原始的信息提取技术，但是却能够通过判读人员的智慧和能力，把所需要的信息完整、准确地提取出来，较好地满足各种业务性判读应用任务的需要。即便是在各种遥感数字处理技术非常发达的情况下，遥感图像目视判读仍然是最基本、最常用、最有效而且是不可替代的遥感信息提取技术。本章主要介绍遥感图像目视判读的原理、判读特征和判读的基本流程。

4.1 遥感图像目视判读的原理

遥感图像目视判读的目的就是从遥感图像中获取需要的专题信息。遥感图像判读的原理就是通过人眼对目标识别特征的认知，得出遥感图像中有哪些目标、它们分布在哪里，并对其数量和状态进行粗略的估计。

4.1.1 遥感图像目标识别特征

1. 目标地物特征

遥感图像中目标特征是目标电磁波辐射差异在遥感图像上的典型反映。按照其表现形式的不同，目标特征可以概括为"色、形、位"三大类。

(1) 色：指目标在遥感图像上的颜色或灰度，包括目标的色调、颜色和阴影等。

(2) 形：指目标在遥感图像上的形状，包括目标的形状、大小、纹理图形等。

(3) 位：指目标在遥感图像上的空间位置，包括目标分布的空间位置、相关布局等。

2. 目标的判读识别特征

目标判读识别特征是人眼在遥感图像上能够识别出目标的具体特征，也就是常说的判读特征或判读标志，包括形状、大小、色调色彩、阴影、纹理、位置布局和活动等。

4.1.2 目视判读的生理基础

遥感图像目视判读是判读人员与遥感图像相互作用的复杂过程，它涉及判读者生理与心理等许多环节。目视判读的生理基础是人的眼睛，即人眼的观察能力。

人眼是目视判读的重要器官。眼球的构造与功能在获取图像信息的许多方面类似于照相机。依据生理学的功能划分，人的眼睛由眼球壁和折光部分两部分组成。人眼解剖图如图4-1所示。其中，眼球壁分为外膜、中膜和内膜，它们在获取图像信息中有不同的作用。外膜中的角膜和晶状体共同把图像聚焦到视网膜上；中膜中的睫状体可以调节视力，具有调节景深的作用；内膜中的视网膜起到图像检测器或感受器的作用，图像信息通过视网膜传输到视神经系统。

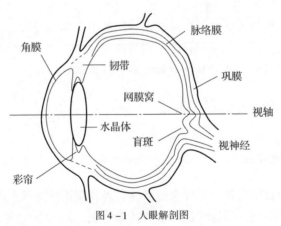

图4-1 人眼解剖图

1. 单眼观察能力

在一定的距离和光照条件下，眼睛所能辨别的最小物体的能力，称为眼睛分辨能力，或称视力。视力分为单眼视力和双眼视力。测量中，单眼视力是以辨别的最小目标对眼睛所张的角度来表示，称为视角分辨率。人的眼睛锥体细胞的平均直径是 0.005mm，它与水晶体所张的角度大约 1′，所以人眼的视角分辨率平均为 1′。

人眼观察点状目标和线状目标的视力是不同的，线状目标在视网膜上构成一线段，落在一系列的锥体细胞上，所以人眼观察线状目标比观察点状目标的视力高。将人眼观察点状目标的视力称为第一类视力，观察线状目标的视力称为第二类视力。

在正常照度条件下（大于 50lux），常人的平均单眼视力可分为

第一类（点状目标）单眼视力 45″。

第二类（线状目标）单眼视力 20″。

单眼视力受照度影响很大，照度越大，所能辨别的细小物体越小，视角也越小，则视力也越好。目标与背景反差（亮度比）对眼睛视力也有影响，反差越大，视力越好。

单眼观察不能客观地区分物体的远近和立体形象，只能根据日常生活经验来判读物体的远近。只有双眼观察才能对物体有立体感觉，才能客观判读物体的远近。

2. 双眼观察能力

实践表明，人的双眼视力比单眼视力要强得多，在正常照度条件下，正常人的平均双眼视力可分为

第一类（点状目标）双眼视力 30″。

第二类（线状目标）双眼视力 10″~15″。

双眼观察物体时，同一景物在左、右眼中分别构像，经视网神经和大脑皮层的视觉中心作用后凝合成单一印象，而感觉到被观察景物的立体形态，产生立体感觉，这种观察称为天然立体观察。如图 4-2 所示，双眼观察时，双眼的视轴要交汇于景物区的某一点，这个点称凝视点，同时眼睛自动调节视网膜到水晶体的距离，使图像清晰。凝视点成像在视网膜中心，在凝视点附近的景物在左、右眼视网膜上的成像位置离网膜窝的距离不同，它们对于网膜窝（f_1 位置）弧长之差称为生理视差。在图 4-2 中，A、B 两点的生理视差分别为

$$P_A = \overline{f_1 a_1} - \overline{f_2 a_2}$$
$$P_B = \overline{f_1 b_1} - \overline{f_2 b_2} \qquad (4-1)$$

当弧长位于网膜窝左方时，生理视差为正，位于右方时为负，在网膜窝中心时为 0。

不同远近的目标具有不同的生理视差,图4-2中,A点比F点远,生理视差小于0,B点比F点近,生理视差大于0。如果A、B点与F点没有远近差别,则生理视差为0。因此,生理视差是产生立体感觉的根本原因。

在一定的景物范围内,用物体相对于双眼交会角的大小也能确定物体的远近。γ为交会角,b为眼基线,D为观察距离,则有

$$\gamma = \frac{b}{D} \tag{4-2}$$

显然交会角大的物体离人眼近,交会角小的物体远。由于人眼调节功能的限制,一般D为25cm(明视距离)时,人眼观察舒服;而D小于2cm时,观察就比较困难。由式(4-2)可知,交会角在15°时观察效果最好,且交会角不能大于32°。

双眼观察景物时,人眼有一定的立体景深范围。在图4-2中,如果A点和F点的纵向距离太大时,人眼对A点的两个像将不能凝合为立体像。经验表明,当观察目标点与凝视点的交会角之差大于70′时,能够产生立体感,人眼能产生立体感的最大纵向深度称为立体视觉景深。

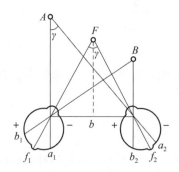

图4-2 双眼观察

3. 像对立体观察条件

在不同的摄影位置对同一景物拍摄的两幅图像称为立体像对。在一定条件下,观察立体像对也能产生立体效果。立体像对的获取如图4-3所示。

由于立体像对是在不同位置获取的两幅图像,所以不同高低的景物在立体像对上的左右视差(立体像对上同名像点的横坐标值之差)是不同的。在对自然景物观察时,产生立体感觉是景物远近形成的生理视差的不同。当双眼观察立体像对时,立体像对上的左右视差转换为人眼的生理视差,因此,同样可以产生立体感觉。但是,为了获得较好的立体效果,在对立体像对立体观察时,必须满足以下几个条件:

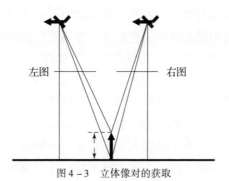

图4-3 立体像对的获取

（1）两幅图像必须是立体像对（在不同位置对同一景物拍摄的两张像片）；
（2）两眼必须分别观看左右像片上的同名地物像点，即分像；
（3）像对安置时，同名像点的连线必须和眼基线平行；
（4）两幅图像上同名像点的距离应与眼基线的长度相当；
（5）两幅图像的比例尺相应误差不能太大（一般16%以内）。

像对立体观察在满足上述五个条件时可进行立体观察，但图像位置放置不同，会出现不同的立体效果。

（1）正立体。按摄影时的左右顺序放置像对，并左右调整距离，使同名图像完全重合，可看到与地面相似的立体模型，称为正立体。

（2）反立体。按摄影时的左右顺序互换放置，或者各自旋转180°，观察的立体效果与地面相反，称为反立体。

（3）零立体。如果方位线与眼基线成角为90°，左右视差消失，立体效应消失，而成为一平面，称为零立体。

（4）超高感。立体观察中，有时觉得立体模型的起伏形状比实际陡缓，这种现象是由于立体模型水平比例尺和垂直比例尺不一致所引起的。

像对立体观察可以用裸眼直接观察，也可以借助立体观察仪器进行。在天然立体观察时，双眼视轴自然地交会于同一视点，并根据景物的远近自行调节晶体曲率使图像清晰。而用裸眼直接观察立体像对时，由于要求左眼看左像，右眼看右像，改变了交会与调节相协调的习惯，使两眼视轴平行，相当于观察无穷远目标，而眼睛则调节在明视距离的地方。所以，只有经过一定训练才能达到直接用双眼观察立体像对。用裸眼直接观察立体像对，由于眼肌紧张会感到不舒适，且容易疲劳。因此，像对立体观察通常借助于仪器进行。

4.1.3 目视判读的心理基础

图像中各点的灰度是景物中多种因素综合作用的结果，这些因素包括光照条件、物体的表面特性及其反射特性、观测者对于物体的距离和方位等。这些因素的变化都会改变图像的灰度,也就会改变所看到的图像。但通过视觉所感觉到的物体的形状、大小都是与观测者的状况以及照明条件无关。具体而言,当照明条件和观测者对于物体的距离发生变化时,虽然在视网膜上产生的图像会随之改变,但所看到的总是某种形状和大小的物体。

例如,从不同角度和距离观察一张桌子时,桌子在眼睛视网膜上的成像会改变,但看到的始终是一定形状和大小的桌子。图像在视网膜上产生的图像以点的方式组织在一起,但人的大脑感觉到的是物体可变的外表后面的特征。因此,大脑不仅把点状的传感信息聚集成整体,而且经过一个因素分解过程,把这些照明条件、观察者的距离和方位等因素分离出去,得到纯粹关于物体的信息。总之,大脑不是直接根据外部世界在视网膜上的投影成像,而是根据经过聚集过程和因素分解过程处理以后的信息来识别物体的。

大脑对图像信息加工有几个特点:多级加工、多通道传输、多层次处理、信息并联与串联结合。人的心理特点对遥感图像判读中存在着一定的影响,人脑信息获取与加工过程启发人们在图像判读时必须注意人的心理特点,这些特点包括:

(1) 遥感图像判读过程中,在同一时刻只有一种地物是目标地物,图像的其余部分则是作为目标地物的背景出现,此时判读者的注意力集中在目标地物上。

(2) 目标地物识别时,判读者过去的经验与知识结构对目标物体的确认具有导向作用。因此,遥感图像上同一目标地物,不同的判读者可能会得出不同的结论。

(3) 心理惯性对目标地物的识别具有一定影响。在观察目标物体的图形结构时,空间分布比较接近的物体,图形要素容易构成一个整体。例如,人们习惯把一个封闭的圆看成一个整体。具有相似颜色的目标地物易与背景相混。

(4) 观察的时效性。实践证明,遥感图像辨识需要一段时间,在这期间,目视判读者先区分目标地物和背景,然后辨识目标的细节,最后构成一个完整的图像知觉。为了正确辨认图像中的目标地物,需要一个最低限度的时间才能完成。

4.1.4 目视判读的认知过程

目视判读是人对图像的视觉感知过程,它运用判读人员的经验和思维,把对图像的感知认识,通过分析、比较、推理、判断,转变为定性定量的结论。所谓定性,是确定目标的性质和意义。定量是确定目标的大小、长度、高低和位置等，只有两者的完美统一，才能真正达到判读的目的。

既然判读是一个认知过程，那么在判读时应该遵守人对事物的认识规律，既要抓住主要特征，又要综合运用其他判读特征进行分析与判断。例如，河流、道路等线状地物的判读特征主要是形状；工厂的识别主要是位置和布局特征；森林树种的区分主要是纹理图案特征；土壤含水量的识别则主要是色调色彩。但是，只靠单一的识别特征是不可靠的，还需要运用其他特征进行综合分析和验证。例如，同为线状地物的公路和铁路，还要通过色调色彩加以区别。有的目标主要特征还会随时间、地点和图像分辨率而变化。例如，山区里的一些道路，只有在植被落叶之后拍摄的图像才能识别；伪装的坦克不能用形状特征进行判读，而需要依靠其活动特征来识别。对于一些不能直接识别，或没有把握判定的目标，要采用比较、类推、排除等逻辑方法进行判读识别。

概括来说，遥感图像的认知过程包括了两个过程：

（1）自下而上的过程：主要有信息获取、特征提取、识别证据选取与积累；

（2）自上而下的过程：主要有特征匹配、提出假设、目标辨识等过程。

4.2 遥感图像判读特征

遥感图像记录了地面物体的电磁波辐射和反射信息，所以地面目标的各种特征必然在图像上有所反映，人们正是利用这些特征识别图像上的目标。广义地说，地面物体在图像上反映出的所有图像特征或图像标志，都能够作为从图像上判读目标性质的依据，这些图像特征或图像标志称为判读特征。不同类型的传感器所获得的图像的判读特征是不一样的，图像判读特征是由传感器的成像方式、特点和地面目标本身的特性决定的。

通常，可将遥感图像判读特征分为直接判读特征和间接判读特征两类。

地物本身属性在遥感图像上的反映，即凭借图像特征能直接确定地物的属性，这类特征称为直接判读特征，如形状特征、大小特征、色调特征、纹理图案特征等都属于直接判读特征。

通过与之有联系的其他地物在图像上反映出来的特征，采用逻辑推理和类比的方法推断地物的类别属性，这类的特征称为间接判读特征，如位置布局特征、阴影特征、活动特征等。

直接判读特征和间接判读特征是一个相对概念，不同的判读特征是从不同的角度反映目标的性质,它们之间既有区别又有联系,常常是同一个判读特征对甲物体是直接判读特征,对乙物体可能是间接判读特征,如纹理特征、位置布局特征、活动特征等,这些特征是被分析对象与其周围环境在图像上的综合表现,具有直接判读特征的特性和间接判读特征的特性的双重性。

4.2.1 形状特征

地面物体的外部轮廓在图像上反映出的图像标志称为形状特征。不同类型的地面目标有其特定的形状,图像形状在一定程度上反映地物的某些性质,如汽车有汽车的形状,飞机有飞机的形状,所以图像的形状是识别目标的重要依据。

一般来说,遥感图像的图像形状和地物的顶部形状保持着一定的几何上对应性和相似性。在日常生活中,人们熟悉的是地物的侧面形状。而观察遥感图像时,相当于把人眼提高到空中一定的高度上鸟瞰地物,观察的主要是地物的顶部形状。如图4-4所示,运动场、河流、道路与人们在地面上观察到的形状基本一致,而高出地面的建筑物呈现的是地物顶部形状以及部分侧面形状。

图4-4 遥感图像

但是,由于遥感条件的不同,图像形状和地物形状可能出现较大的差别,使形状特征发生变形。影响形状特征的主要因素有遥感平台姿态、传感器自身的特性、图像投影差和图像空间分辨率等。

1. 平台姿态对形状特征的影响

在遥感过程中,由于各种原因,遥感平台将不可避免地出现侧滚或俯仰现象，由此得到的图像称为倾斜图像。图像倾斜使地物发生仿射变形，如图4-5所示，且变形的程度随着倾斜角的增大而增大，它破坏了图像形状与地物形状的相似性。但航空、航天遥感图像一般都是在近似垂直姿态下获取，图像的倾斜比较小（一般倾斜角控制在3°内），它引起的形状变形对判读的影响较小，在遥感图像判读时一般不予考虑。但对于侧视雷达、无人飞机、航模飞机或地面平台获取的遥感图像，在判读时应根据其成像特点来考虑图像倾斜对形状的影响。

图4-5 倾斜变形图像

2. 投影差对形状特征的影响

投影差是由于地形起伏或地物高差引起的图像移位。移位的大小不仅与地物的高差有关，而且还与其在图像上的位置和成像方式有关。

（1）地物在图像上不同位置时，其图像形状是不同的。同类烟囱在像片不同位置形状不同如图4-6所示。例如，面中心投影图像，当高出地面的地物位于底点（图像中心）位置，图像上只有地物的顶部图像；离开底点，图像将由地物的顶部和部分侧面图像联合构成，且离底点越远，其侧面特征也越突出。

（2）位于斜坡上的地物，由于其上边和下边的高度不同，其图像形状将产生变形，且斜面坡度越大，变形就越大，可以想象，在斜坡上的一个正方形物体，其图像形状将是梯形。

（3）山坡在图像上会被压缩或拉长。在侧视雷达图像上，面向底点的坡度被压缩，背向底点的坡面被拉长；但在其他光学遥感图像上，变形规律正好相反。

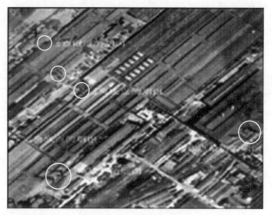

图 4-6　同类烟囱在像片不同位置形状不同

（4）高出地面地物的图像位移，会压盖和遮挡其他地物，破坏图像与地物的相似性。如图 4-7 所示，高大的建筑物遮挡了建筑物背面的部分地物，不利于被遮挡区域的判读。但是，高出地面物体的图像位移在判读时有其有利的一面，可以增强立体观察感觉，也能够判读物体的侧面形状，估计物体的高度。

图 4-7　高大建筑物图像

3. 遥感器特性对形状特征的影响

不同类型的遥感器所获取的遥感图像，由于其投影方式的不同，图像变形情况也不同。面中心投影由中心向四周方向，变形逐步增大；线中心投影扫描线两侧的变形最大；斜距投影图像是越靠近底点位置，变形越大。这些变化规律，在图像判读时应特别注意。

4.2.2 大小特征

大小特征是指物体的大小反映在图像上的图像尺寸。确定物体的实际大小不仅是判读的任务之一，而且也是判定目标性质的有效辅助手段。影响地物图像大小变化的主要因素有：图像比例尺（空间分辨率）、地物和背景反差、地形起伏等。

1. 图像比例尺（空间分辨率）对大小特征的影响

影响图像大小特征的主要因素是图像的比例尺或空间分辨率，通过图像的比例尺，能够建立物体和图像的大小联系，明确给出地物大小的概念。如图4-8所示，同一地区，不同图像比例尺（空间分辨率）的图像，同一地物在图像上的成像尺寸是不一样的。

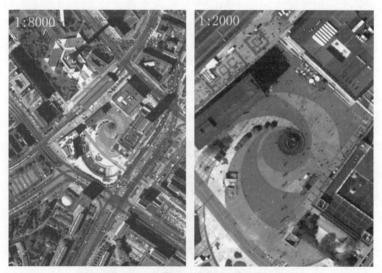

图4-8　不同比例尺的遥感图像

2. 地物和背景的反差对大小特征的影响

地物和背景的反差，有时也影响图像的尺寸。当景物和背景的反差较大时，由于光晕现象，图像尺寸往往大于实际的应有成像尺寸。如图4-9所示，在遥感图像上成像的林间小路、高压电力线，由于和背景的亮度差较大，其图像尺寸被扩大。

图 4-9　林间小路与高压电力线遥感图像

3. 投影误差对大小特征的影响

平坦地区，在平台接近水平时获取的图像上各种地物图像比例尺基本一致，实地大的地物反映在图像上的图像尺寸大，反之则小。但在地形起伏不平的丘陵地或山地，地形的高低起伏会使图像上的比例尺处处不一致，对图像上地物的大小有较大的影响。处于高处的地物，相对平台较低，图像比例尺大；相反，处于低处的物体，相对航高较高，图像的比例尺小。所以同样大小的物体当分别位于山顶和山脚时，其图像大小是不同的。如图 4-10 所示，不同高度的位置上，同一条道路在图像上呈现的宽度不一致。

图 4-10　不同高度位置的道路遥感图像

4.2.3　色调和色彩特征

色调和色彩特征是指地物在图像上的表现形式，黑白图像以不同深浅的灰度层次（色调）来表示地物，而彩色图像则是用颜色或色彩来描述地物。地物的形状、大小或其他特征都是通过不同的色调或色彩表现出来的，所以色调和色彩特征又称为最基本的判读特征。

地物图像的色调与色彩不仅和地物本身的颜色有关，而且还与成像机理有关。同一地面目标在全色图像、彩色图像、多光谱图像和雷达图像上的色调是不一样的，如绿色的植被在自然彩色图像上表现为绿色，而在伪彩色红外图像上表现为红色。

1. 色调特征

地物在黑白图像上表现出的不同灰度层次称为色调特征。在判读中，为了描述图像色调，通常将图像上的色调范围概略分为亮白、白色、浅灰、灰色、深灰、浅黑和黑色几个等级。

1）全色图像的色调特征

在全色图像上，图像色调主要取决于地物的表面亮度，而地物的表面亮度与地物的表面照度和地物的亮度系数成正比，同一类地物，表面照度越大，亮度越高，成像色调越亮；不同种类的地物，在相同照度下，亮度系数越大，亮度越高，成像色调越亮。

（1）色调与表面照度的关系。

地物的表面照度取决于太阳的照射强度及物体表面与照射方向的夹角。地物受太阳光直接照射和天空光照射，地平面上接收的照度大小和光谱成分随太阳高度角而变化。

在太阳高度角相同的情况下，地物表面的方向也影响着地物表面的照度，如图4-11所示，一幢有多坡面房顶的房屋，由于各个坡面的法线方向和太阳光入射方向的夹角不同，各坡面的照度也不同，脊顶式房屋的两个坡面在图像上反映的图像色调也有区别。

图4-11　脊顶式房屋坡面色调差别

（2）色调与亮度系数的关系。

在照度相同的情况下，地物的表面亮度取决于地物的亮度系数。地物亮度系数对全色波段来讲，它是指在照度相同的情况下，物体表面的亮度与理想的绝对白表面的亮度的比值，亮度系数越大的物体在图像上的色调就越浅，反之则越深。

①不同性质的地物亮度系数不同，同一种地物，由于表面形状不同，含杂质和水分数量不同，其亮度系数也有较大的区别。

②地表粗糙度也直接影响着亮度系数，粗糙表面比光滑表面的亮度系数小，但是，反射光均匀，能得到色调比较和谐的图像效果。光滑表面虽然反射能力强，但其反射光具有明显的方向性，对全色图像的获取是不利的。

③图像的色调还与地物对电磁波的反射类型有关，反射有镜面反射、漫反射和方向反射三种方式。对可见光来说，由于其波长较短，地面物体基本上都可以看作是漫反射体，但是也有例外。如平静的水面，反射光线的方向性很强，可看作是镜面反射体，同样是水体，如果获取图像时反射光线恰好进入摄影机镜头，则水体的色调呈白色，否则，呈现的是深色调。不同反射模式下水体的色调，如图4-12所示。

图4-12　不同反射模式的水体图像

④地面物体的亮度系数随着含水量的增加而变小。含水量大的土壤在图像上的色深，干土的色调浅，所以在土地资源调查中，常用土壤的色调深浅来区分旱地或水浇地。

⑤在不发生镜面反射的情况下，水面的色调与水深、水中的杂质含量有关。水越浅，其图像色调越浅，水越深则图像色调越深。水中所含的杂质，如泥沙、化学物质等越多，对可见光的散射越强，其图像色调越浅，反之越深。因此，水体的色调不仅能区分水的深浅，还能判别水中含沙量的多少和污染程度。

2）多光谱图像的色调特征

多光谱图像的图像色调主要取决于地物表面的照度、图像波段及地物的波谱反射特性。同一地物在不同波段的多光谱图像上的色调是不同的。

3）雷达图像的色调特征

地面目标在雷达图像上的色调取决于天线接收到的回波强度，回波功率强，图像色调浅；回波信号弱，则图像色调深。微波的波长较长，对大多数水平表面都发生镜面反射。如高速公路、机场跑道等，在雷达图像上为黑色。侧视雷达图像的地物色调如图 4-13 所示。

图 4-13 侧视雷达图像的地物色调

2. 色彩特征

地物在彩色图像上反映出的不同颜色称为色彩判读特征。

地物在彩色图像上的颜色主要取决于地物的光谱反射特性和彩色图像合成时三原色的组合形式，同一地物在自然彩色图像和假彩色图像上的色彩明显不同。目前，彩色图像的获取方式主要有：利用彩色数码照相机获得可见光自然彩色图像；利用多光谱摄影（扫描）彩色合成的彩色图像，彩色合成的图像是由不同波谱段的图像按彩色的三原色组合生成，既可以生成自然彩色图像，又可以根据不同应用目的，生成特殊组合的假彩色图像。在对彩色图像进行判读时，一定要明确彩色图像的种类及颜色的组合方法。一般自然彩色图像的色彩与我们眼睛对自然界色彩的感觉是一致的，而假彩色合成图像必须在充分了解合成彩色的各波段图像特性和组合方法的基础上，按照判读标志对图像进行判读。

4.2.4 阴影特征

图像上的阴影是由于高出地面物体的遮挡，使电磁波不能直接照射的区域或热辐射能量无法到达传感器的区域，所形成的深色调图像。

在图像上，阴影呈深色调，但有些阴影呈深色调未必是阴影，而是由于未被电磁波直接照射到地物本影。真正的阴影是指地物投射到地面的影子，被高出地面的物体遮挡，辐射能不能传达到传感器，色调深的落影。

在图像上，阴影有形状、大小、色调和方向等特征，这些特征有利于地物的判读。

1) 阴影的形状

物体遮挡电磁波的有效部分是其侧面，所以阴影反映了地物的侧面形状。阴影的这一特性对判读非常有利，可以根据物体的侧面形状确定物体的性质，特别是高出地面的细长目标，如烟囱、水塔、电线杆等，顶部图像都很小，区分很困难，但根据阴影的形状就较容易识别这类物体。一幅古塔和其阴影的全色图像如图4-14所示，其阴影说明了该塔顶为尖顶的特征。

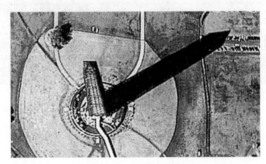

图4-14 高塔与阴影

2) 阴影的长度

阴影的长度可以用于确定地物的高度。太阳照射产生的阴影长度 L 与地物的高度 h 和太阳高度角 θ 有关。当地面平坦时，阴影长度、地物高度和太阳高度角有如下关系：

$$L = \frac{h}{\tan\theta} \qquad (4-3)$$

当摄影时间已知时，太阳高度角 θ 也已知。此时，根据式（4-3），通过阴影的长度可以确定地物的高度。

地面起伏对阴影的长度有拉长和压缩的效果。当下坡方向与光照方向相同时，阴影被拉长；反之，被压缩。同样高度的物体在太阳高度角相同的情况下，不同坡度的地段阴影的长度是不同的。因此，在山区不能用阴影的长短来判别地物的高低。

3) 阴影的方向

阴影的方向和太阳光照射方向是一致的。在同幅图像上，由于摄影时间相同，各地物的阴影方向都是相同的。我国大部分地区在北回归线以北，中午前后太阳总是位于南边，各地物阴影的方向都是指向北、西北或东北，因此在不知道图像方位时，可以根据摄影时间和阴影的方向大致确定图像的方位。

一般情况下，高于地面的目标的阴影和它的图像是不会重合的，此时阴影和图像的交点即是该目标在图像中的准确位置，如用此方法准确判读电线杆、天线等目标的地面位置。此外，在地物和背景的反差很小的情况下，地物图像难以分辨，这时可以用阴影的底部来判定物体的位置。

4) 阴影的色调

阴影在全色图像上的色调一般是深灰色或黑色。在多光谱图像上，由于大气对蓝光散射最强，所以蓝色波段图像阴影色调最浅，可以用蓝光波段图像识别阴影内的其他地物。阴影色调随着波长变长而变深。微波遥感图像上背向天线的物体，其散射电磁波不能到达接收天线，阴影色调最深，为黑色。

从以上讨论可以看出，阴影的存在对目标判读具有两方面的效果：一是阴影的存在对于判读目标的形状等几何关系有利，如利用阴影特征确定图像方位、判读地物性质、确定地物的高低和准确判定细小地物的位置等；二是对于落在阴影中的地物进行判读增加了困难，阴影会遮挡其他地物，容易造成漏判。

4.2.5 纹形图案特征

细小物体在图像上有规律的重复出现所反映的图案或图形称为纹形图案特征，也称纹理特征。它是大量个体的物体形状、大小、阴影、空间分布、色调的综合反映。纹形图案在目视判读和计算机自动分类中被普遍采用，特别是对区分大面积的集团目标非常有价值。

纹形图案的形式有点状、斑状、纹状、格状、垄状、球状、绒状、磷状和栅状等。对纹形图案的细密程度一般用粗糙、较粗糙、细腻、平滑等来描述。果园呈粗糙的点状纹形图案，如图 4-15（a）所示；阔叶林呈较粗糙球状纹形图案，如图 4-15（b）所示；新月形沙丘呈细腻的鱼鳞状图案，如图 4-15（c）所示；梯田呈平滑的曲线状纹形图案，如图 4-15（d）所示。每一种地物在图像上都有本身的纹形图案。因此，可以根据图像的这一特征识别相应地物性质。在地物光谱特征比较接近的情况下，纹理特征对区分目标可能起到重要的作用，如针叶林与阔叶林的图像色调基本一致，但阔叶林的图像颗粒粗，而针叶林的图像颗粒细，通过判定其纹形图案的粗细，可以区分针叶林和阔叶林。

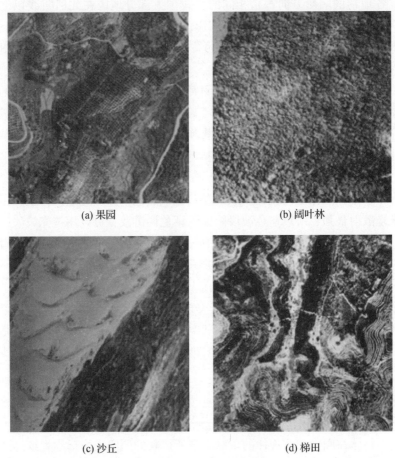

图4-15 果园、阔叶林、沙丘和梯田图像

纹形图案特征受图像比例尺的影响较大。地面上一定范围内的目标，在大比例尺图像上，集团目标中的每个单元都清晰地成像，纹形特征不明显或不能形成纹形特征。在小比例尺图像上，大多数集团目标都出现了明显的纹形图案。如大比例尺的城市遥感图像，可以清晰地分辨每一建筑物，不呈现纹形图案。所以，纹形图案在小比例尺图像的判读中更有意义。

纹形图案的表现形式有两种：一种是结构纹理，结构纹理可以由纹理单元按一定的规律形成；另一种是随机纹理，随机纹理中个体在空间中重复出现的规律性不强，自然纹理基本上表现为随机纹理。衡量纹理特征的参数主要有纹理的粗糙度和方向性。如图4-16所示，植被纹理要比居民地纹理细，而且植被纹理是随机的，而居民地纹理是结构纹理，方向性明显。

(a) 植被　　　　　　　　　　　　(b) 居民地

图 4-16　植被纹理与居民地纹理

4.2.6　位置布局特征

位置布局特征是指地物的环境位置以及地物的空间位置配置关系在图像的反映，也称相关特征，它是重要的间接判读特征。

地面上的各种地物都有它存在的环境位置，并且与其周围的其他地物有着某种联系，如停放飞机的飞机掩体，可以根据周围机场等信息判断出来，如果仅靠单个目标的信息则很难确定其性质。再如，造船厂一般设置在江、河、湖、海边上，不会在没有水域的地方出现。公路与河流相交处通常有桥梁等设施。特别是组合目标，它们的每一个组成单元都是按一定的关系进行配置的，如图 4-17 (a) 所示，水厂则由按一定顺序建造的水池组成。如图 4-17 (b) 所示，火力发电厂由燃料场、主厂房、变电所和供水设备等组成。因此，了解地物间的位置布局特征有利于识别集团目标的性质和作用。

(a) 水厂　　　　　　　　　　　　(b) 火力发电厂

图 4-17　水厂和火力发电厂图像

相关判读特征有利于对一些无法成像的目标进行判读。如草原上的水井，有的图像很小或根本没有图像，不能直接判读出来，但可以根据多条小路相交于一处来识别；又如田间的机井房，可能在图像上没有图像，但可以根据机井房和水渠的相关位置进行判读。利用位置布局特征判读图像，需要有丰富的体验和其他相关专业的知识。

4.2.7 活动特征

目标活动所形成的征候在图像上的反映，称为活动特征。飞机起飞后，由于飞机的余热，在热红外图像上会留下飞机的图像；坦克在地面运动后的履带痕迹也会在图像上有所反映，这些活动特征对认识目标的状况和发展趋势有很重要的意义。河流中流水的作用，使得河流中沙洲沿流水方向形成滴水状尖端，因此可以根据河流中沙洲滴水状尖端的方向判断出河流中水的流向。如图4-18（a）所示，通过烟雾可以准确判定烟囱的位置；如图4-18（b）所示，通过船只行驶时所鼓起的浪花，可以判读出船的行进方向。这样有些在图像上不能明显和直接反映出来的目标性质经过上述综合推理后就可以获得。

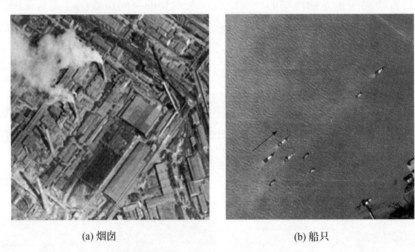

(a) 烟囱   (b) 船只

图4-18 工厂烟囱和行驶中的船只图像

4.3 遥感图像判读基本流程与方法

遥感图像判读可以有多种应用目的，主要包括：利用遥感图像测绘地形图中的地形要素判绘与调绘，从遥感图像获取军事目标情报的军事目标判读，利用遥感图像开展资源调查的土地利用现状分类调查、农村土地确权调查、地质资源调查等。应用领域虽然不同，但作业流程和作业方法基本相同。

4.3.1 遥感图像判读作业基本流程

遥感图像判读作业的基本流程如下。

1. 准备工作

1）资料收集

根据判读的应用目的，选择合适的遥感图像作为判读作业图像。如有可能，还可收集相关的遥感资料作为辅助资料，包括不同高度、不同空间分辨率、不同成像方式、不同波段、不同时相的遥感图像，以及判读作业区域的地形图、各种有关的专业图件和文字资料等。

2）资料分析处理

对收集到的各种资料进行初步分析，掌握判读对象的概况、时空分布规律，分析遥感图像质量，了解可判读的程度。如有必要，应对遥感图像进行必要的图像增强处理，以最佳的图像效果用于判读作业。同时，要对所有资料进行整理、分类，做好判读作业前的准备。

2. 建立判读样片与实地踏勘

1）建立判读样片

根据判读应用目的，制订出判读对象的分类系统。同时依据判读对象原型与图像之间的关系，按照图像特征，建立判读对象的判读样片。

2）实地踏勘

如果有可能到实地踏勘，应根据专业要求，选择合适的路线进行实地踏勘，以便具体了解判读对象的时空分布规律、实地存在状态、基本性质特征、在图像上的反映和表现形式等。

3. 判读作业

严格遵循一定的判读原则和步骤，依据图像判读特征，参考判读样片，充分运用各种判读方法，在遥感图像上按专业目的和要求进行判读，确定目标的类型属性，勾绘目标区域界线。对每一个判读目标都要做到推理合乎逻辑，结论有所依据，对一些判读中把握性不大的和无法准确判读的内容和区域应记录下来，留待野外或其他途径验证时确定，最后得到判读作业的成果草图。

4. 校核检查

按照判读对象的分类系统，检查判读作业成果是否规范，要素判读表示综合取舍是否合理，有无遗漏或错判重要的目标要素等。如果有可能，应将判读作业成果带到实地进行抽样检查、校核，发现错误，及时更正、修改，特别是对室内判读把握不大和有疑问的地方，应做重点检查和实地判读，确保判读准确无误，符合要求。

5. 成果整理

1）编绘成图

将经过校核检查修改的判读作业成果草图，编绘形成判读成果原图。

2）资料整理、文字总结

将判读过程、校核检查的所有资料整理编目，最后进行分析总结，编写总结报告，报告内容包括项目名称、工作情况、主要成果、结果分析评价和存在问题等。

4.3.2 遥感图像判读基本方法

遥感图像判读，包括图像识别和图像量测两部分工作，图像识别是通过观察图像，综合运用判读特征，确定判读对像的性质；图像量测是以遥感图像为基础，测量、计算目标的大小、形状和数量特征。遥感图像判读就是在识别、量测的基础上，通过演绎和归纳，从图像上提取目标信息的过程。

在遥感图像判读过程中，采用的判读方法是依据实际需要和所选用的遥感图像种类而确定的，一般情况下都是将多种判读方法综合使用。例如，对某一战术目标进行判读，那就是很小的微观区段；但如果对某段公路、铁路的选线判读，就需要一定的带状宏观范围；假若对区域地质构造的研究，就需要具有宏观和超宏观的范围。因此，在遥感图像判读过程中，既要重视微观的判读，又要重视宏观的判读，但有时微观与宏观又是相互补充的。

按照分析推理的观点一般有如下几种判读方法。

1）直判法

直判法是指通过遥感图像的判读标志，能够直接确定某一地物或现象的存在和确定其属性的一种直观判读方法。直判法所运用的判读标志是判读者曾经见过并了解它的含义，因此能较快地鉴别某一地物或现象的存在和属性。一般情况下，具有明显形态、色调特征的地物和现象大多运用这种方法进行判读。

如飞机场、居民地、河流、道路等，可直接从遥感图像上，一目了然地予以识别。直判法的基础是来源于人们实践的概念和结果。

2）对比法

对比法是指将判读区域遥感图像上所反映的某些地物和自然现象与另一已知的遥感图像样片相比较，进而确定某些地物和自然现象的属性。例如，我国南方的石灰岩山区，在航摄图像上大都呈现为浅灰色调，地貌上形成的圆形山头及深切的峡谷。因此，对南方石灰岩区进行判读时，可与一套已知的标准图像作对比来确定。在军事目标判读中，对比法是用途最广的方法。但要注意，对比必须在各种条件相同下进行，如地区自然景观、气候条件、地质构造等应基本相同，对比的图像应是相同的类型、波段，遥感的成像条件（时间、季节、光照、天气、比例尺和洗印等）也应相同。

3）邻比法

在同一幅遥感图像或相邻较近的遥感图像上，进行邻近比较，进而区分出两种不同目标的方法称为邻比法。这种方法通常只能将不同类型地物的界线区分出来，但不一定能鉴别出来地物的属性。如同一农业区种有两种农作物，此法可把这两种作物的界线分出，但不一定能认出这是两种什么作物。用邻比法时，要求遥感图像的色调保持正常，邻比法最好是在同一幅图像上进行。

4）推断法

推断法，也称为逻辑推理法，是借助各种地物或自然现象之间的内在联系所表现的现象，间接判断某一地物或自然现象的存在和属性。当利用众多的表面现象来判断某一未知对象时，要特别注意这些现象中哪些是可靠的，哪些是不可靠的，有时会出现矛盾现象，这时就应分析哪些线索是反映未知对象的真实情况，哪些是假象，从而确定未知对象的存在和属性。在判读过程中经常会用到这种方法。例如，当在图像上发现河流两侧均有小路通至岸边，由此就可联想到该处是渡口处或是涉水处；如进一步判读时，当发现河流两岸登陆处连线与河床近似直交时，则可说明河流速较小；如与河床斜交，则表明流速较大，斜交角度越小，流速越大。

5）证据收敛法

证据收敛法，是在对图像上呈现的地物情况，既不容易直接判定，又不容易一下推断识别时，把所有的可能证据罗列出来，然后再依据综合情况的分析，逐一排除不符合的项目，最后留下可能性最大的一项，再详细判读确定。

6）线性追踪法

当对一条河流、一条大的断裂带、一个人工线状建筑物进行判读时，使用线性追踪法可以获得较佳的判读结果。例如，详细分析河流的直流段、曲流段、分流段、折转处和跌水点等，能为地质构造提供确切的依据。

7）纹形区划法

在一幅遥感图像中，根据图像的不同纹形，可区划为几个一级大区，然后再把每个区进一步区划为二级区、三级区、……，从而分析不同纹形区的特征，确定纹形的差异，有时是地貌、岩性、构造、水系、人工活动等因素。借助纹形区划法，可以识别各区的特征状况。纹形区划法在宏观和超宏观的遥感图像判读方面卓有成效。

8）地貌分区法

地貌分区是依据遥感图像上的地貌特征，如山区、丘陵、平原等，进行地貌分区，然后依次将每区进行次一级的划分，从而区分出每区的特征。这对区域工程地质稳定评价，具有较好的适用性。

总之，遥感图像目视判读是人对图像的视觉感知过程，它运用了判读人员的经验、知识和思维，把对图像的感知认识，通过分析、比较、推理、判断，转变为定性和定量的结论。

既然判读是一个认识过程，那么，在判读时应遵守人和事物的认识规律，既要抓住主要的判读特征，又要综合运用其他判读特征进行分析和判断。例如，河流、道路等线性地物的判读特征主要是形状；对工厂的识别主要是位置和布局特征；森林树种的区分主要是纹形图案特征；土壤含水量的识别则主要是土壤的色调。但是，单靠单一的识别特征是不可靠的，还要运用其他特征进行综合分析和验证。例如，同为线状地物的公路和铁路，还要根据色调甄别；形状、色调相同的水渠和道路，则根据位置特征及同其他地物的联系来区分。有的目标的主要特征会随时间、地点和图像的比例尺而变化。例如，对海岸线的判读，如果是在大潮高潮期时摄影的图像，则根据海水与陆地的色调差异进行确定，否则应根据海蚀坎部的形状和海滩堆积物等进行判定；伪装的坦克不能用形状特征进行判读，而主要依据其活动特征来识别；植被类型在航空图像中可以根据纹理区分，但在卫星图像上则主要用色调来区分。对一些不能直接识别，或没有把握判定的目标，要采用比较、类推、排除等逻辑方法进行识别。

4.4 影响判读效果的因素

影响遥感图像判读过程和结果的因素，可以概括为间接因素和直接因素两种类型。为了便于直观理解，用一个判读效果的影响因素关系示意图来表示，如图4-19所示，三个圆表示间接影响因素，两圆之间相交和三圆相交的部分表示直接影响因素。

1. 间接影响因素

影响遥感图像判读过程及其结果的间接因素，是指能够从总体上或判读作业背景上影响判读过程及其结果的因素。如图4-19中的三个圆，分别代表判读人员、专业应用领域和遥感图像等三个方面。

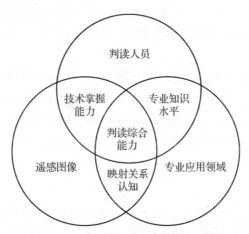

图4-19 判读效果的影响因素关系示意图

判读人员作为判读作业的主体，在完成判读应用任务过程中是最为积极主动、最富有创造力的元素。因此，他们的基本素质，包括其专业背景、工作经历、认知能力和学习悟性等，对图像判读过程及其结果具有特别重要的影响。

遥感图像判读的不同专业应用领域必然会涉及不同的地物、现象及其时空规律，它们将从判读的任务要求、对象的可区别程度及其时空规律、任务区域的背景状况以及专业研究水平等方面，对遥感图像判读任务的作业进程、判读质量和效率产生显著的影响。

遥感图像是指供判读的遥感图像获取、处理等过程，具体包括遥感图像的工作波段、空间分辨率、平台姿态、图像质量和图像处理等内容，这些因素会对遥感图像判读产生显著和潜在的影响。

不难看出，上述三方面因素都能够从总体上或从判读作业背景上，对图像判读过程及其结果产生影响。然而，就他们所能产生影响的程度而言，图像判读人员的影响显然要比其余两方面因素的影响更为显著和重要，而且，在其调控和发展上也比其他两方面的因素具有更大的空间。

2. 直接影响因素

直接影响因素是指那些能够直接影响遥感图像判读作业过程及其结果，尤其是其准确度和效率的因素。它们包括在图 4-19 中以两圆相交部分的专业知识水平、技术掌握能力和对映射关系的认知能力，以及三圆相交重叠部分所表示的判读综合能力。

专业知识水平是指判读人员在完成判读应用任务的专业知识水平。从事测绘领域的专业判读人员应该对地物、地貌有深入的了解。而从事军事目标判读的专业人员，必须具有丰富的军事知识，对军事目标、目标情报等有深入的了解。

技术掌握能力表示判读人员对遥感图像及其判读特征以及各种判读技术方法的掌控能力。也就是说，判读人员应该了解掌握遥感图像的形成过程，以及不同遥感图像的特性，也必须懂得遥感图像判读特征和判读方法，对遥感技术方面的专业知识掌握程度与判读技术能力掌控水平密切相关。

对客观世界与图像记录世界映射关系或图像判读标志的认知能力，简称为映射关系认知能力。如专业地质判读人员，应该了解不同地质现象在遥感图像上的判读标志，同一地质现象在不同类型遥感图像上的判读标志等。

综合判读能力是对判读过程和结果产生最直接影响因素，也是判读人员掌控、使用知识和技术，以及判读人员实际判读工作经验的综合。

显然，以上罗列的因素都会对遥感图像判读的过程和结果产生影响，其中，判读人员综合能力的影响尤为突出。因为其他单方面因素影响，都会受制于判读人员的综合能力，"人是第一要素"，在此也是毋庸置疑的事实。

思考题

1. 遥感图像判读特征有哪些？
2. 图像判读基本方法有哪些？你在日常判读中主要用了哪些方法？
3. 阴影对图像判读有何利弊？

第5章 地形要素判读

地形要素判读，也可以理解为地貌、地物要素判读。地貌是指地球表面各种起伏形态，地物则是指地球表面的所有固定性物体，地貌和地物总称为地形。对地球观测所获取的遥感图像，是记录地球表面各种信息的客观载体，其中，地形要素是遥感图像上最主要的信息。

5.1 地形要素分类与编码

从遥感图像中判读识别地形要素，其主要应用于各种比例尺地形图测绘，以及专题遥感图像图的制作。为了满足系列比例尺（1∶500、1∶1000、1∶2000、1∶5000、1∶10000、1∶25000、1∶50000、1∶100000）地形图测绘时地形要素采集、存储、检索、输出与交换的需要，有必要对地形要素进行分类与编码。

根据分类编码通用原则，将地形要素分为九个大类，并依次细分为小类、一级和二级。分类代码采用四位数字层次码组成，每一位数字代表一个类码。地形要素分类层次码如图5-1所示。

```
    X      X      X      X
    ↓      ↓      ↓      ↓
  大类码  小类码 一级代码 二级代码
```

图5-1 地形要素分类层次码

地形要素的九个大类，按照顺序排列，分别赋予从1~9的大类码，如表5-1所列。

表5-1 地形要素大类名称与代码

名称	测量控制点	居民地	工矿建（构）物及其他设施	交通及附属设施
代码	1000	2000	3000	4000

续表

名称	管线与垣栅	水系及附属设施	境界	地貌与土质	植被
代码	5000	6000	7000	8000	9000

每一大类分为若干小类，分别赋予小类码。例如：居民地分为独立房屋、街区、房屋附属建筑、窑洞、其他建筑、居民地行政等级、空地7个小类，分别赋予代码2100~2700。独立房屋的代码是2100。

小类再分为若干一级，分别赋予一级代码。例如：独立房屋再分为普通房屋、突出房屋、高层房屋和破坏房屋4个一级，分别赋予代码2110~2140。普通房屋的代码是2110。

一级再细分若干二级，例如：普通房屋再细分为不依比例尺的、半依比例尺的、依比例尺的三个二级，分别赋予代码2111~2113。那么，不依比例尺的普通房屋的代码是2111，这个代码就是这个地形要素的唯一代码，并有一个制图符号与之相对应。

地形要素这种分类与编码方法，主要是为了满足测绘（遥感测绘或野外测绘）全要素系列比例尺数字地形图的需要，如果从事地形图生产岗位的遥感图像判读（绘）员，则需要对地形图要素分类与代码，地形图图式国家标准全面了解和掌握，这些国家标准是测绘地形图的依据和强制标准。

现行的地形图要素分类与代码，地形图图式国家标准主要有：

(1)《1∶500、1∶1000、1∶2000地形图要素分类与代码》GB/T 14804—1993。

(2)《1∶5000、1∶10000、1∶25000、1∶50000、1∶100000地形图要素分类与代码》GB/T 15660—1995。

(3)《1∶500、1∶1000、1∶2000地形图图式》GB/T 20257.1—2007。

(4)《1∶5000、1∶10000地形图图式》GB/T 20257.2—2006。

(5)《1∶25000、1∶50000、1∶100000地形图图式》GB/T 20257.3—2006。

当然，对于从事图像情报、军事目标判读岗位的人员，其主要任务是从遥感图像判读识别军事目标和与作战相关的地形要素。由于对地形要素的关注重点不同，以及受目前遥感图像判读能力的限制，在借鉴地形图要素分类与代码的基础上，将地形要素分为居民地、工农业设施、社会文化设施、交通运输设施、水系及附属设施、植被、地貌与土质七个大类，每一个大类再分若干小类，每小类细分为若干一级，形成三级分类，地形要素的属性名称采用GB/T 15660—1995《1∶5000、1∶10000、1∶25000、1∶50000、1∶100000地形图要素分类与代码》中的地形要素名称。

5.2 居民地判读

居民地是人们长期生产、生活中形成的集聚定居地。它是人们活动的中心场所,是重要的地物要素。在军事上,居民地对部队行军、宿营、作战、判定方位有重要的作用。处于交通枢纽、渡口、大桥两侧或其他重要位置的居民地,控制着部队的机动作战能力,历来是兵家必争之地。

不同的地理条件,不同的民族和不同的生活习俗,形成了各种各样的居民地。居民地分为独立房屋、街区、窑洞、其他建筑、居民地规模五个小类,其中,居民地规模是用于界定居民地大小层级的,每一小类细分为若干一级。居民地分类与名称如表5-2所列。

表5-2 居民地分类与名称

小类名称	独立房屋	街区	窑洞	其他建筑	居民地规模
一级名称	普通房屋	高层建筑区	地上窑洞	蒙古包	城市
	突出房屋	密集街区	地下窑洞	棚房	集镇
	高层房屋	稀疏街区			村庄
		主要街道			
		次要街道			

5.2.1 房屋式居民地判读

独立房屋和街区两个小类都属于房屋式居民地。

街区式居民地是指城市、集镇和农村中房屋毗连成片,按一定街道形式排列的居住区。街区式居民地可细分为高层建筑区、密集街区、稀疏街区和损坏(在建)街区。城市、集镇一般都属密集街区,随着新农村建设的深入,在经济较为发达的地区,中心村也逐步发展为密集街区。

密集街区的特点是房屋成片或间隔很小,有明显的主次街道和外部轮廓。

稀疏街区主要指村庄,其房屋一般不相毗邻,且间隔较大,但有明显的主次街道和外部轮廓。

独立房屋是依天然地势,沿山坡、河渠、道路、堤岸等构筑,房屋之间不相毗邻,有的间隔较大,有的三五成团,有整齐排列,也有零散分布,没有明显的街道和外部轮廓。

在空间分辨率较低的遥感图像上,房屋式居民地可依据房屋和街道所组成的纹形图案特征判读识别;而在空间分辨率较高的遥感图像上,则是依据房屋的形状特征进行判读识别。

在遥感图像上,房屋图像一般由房顶、1~2个侧面及阴影组成。房顶图像色调色彩与其结构、建筑材料、光照条件有关。南方地区多为人字屋顶结构,两个屋面与太阳照射方向的夹角不同,色调有明显差异,其分界线就是屋脊。平顶屋多见于城市、工矿和雨水较少的北方农村。房屋形状多为长方形,色调色彩则取决于房顶的建筑材料,当房顶为沥青时,色调较深,当为水泥、碱土、黄土时,图像色调较浅。如果遥感图像空间分辨率足够高,并且房屋图像有投影差时,通过房屋侧面可以判读房屋的楼层数。

居民地内的街道根据通行能力分为主要街道和次要街道,能通行载重汽车的为主要街道,不能通行载重汽车的为次要街道,在遥感图像上可用大小特征判断街道宽窄确定街道属性。

街道在遥感图像上为贯穿居民地的线状图像,其色调色彩取决于路面材料和路边树木的茂密程度。路面为混凝土或土质的色调较浅,路面为沥青时,色调较深。如果街道两边有行树,则色调较深获呈植被的颜色,并且能看到树木的纹形。有的街道被高层的房屋阴影或投影压盖,用单幅图像无法判读识别,若用立体观察则清晰可见。

在空间分辨率较高的遥感图像上,街道和房屋较为清晰。在空间分辨率较低的遥感图像上,主要根据街道和房屋所组成的粗糙纹理特征以及与道路相连接的相关位置特征识别。

独立房屋可通过房屋的形状特征判读识别,但在空间分辨率较低的遥感图像上,独立房屋图像较小,是一个点状图像,判读比较困难。如不能直接用形状特征判读的情况下,可以用房屋周围的其他地物进行间接判读。独立房屋一般有茂盛的树木和竹丛,房前有空地,他们的反差较大,这为独立房屋判读提供较为明显的间接特征。判读山区的独立房屋时,应采用立体辅助判读方法。

根据地物的形状特征,可以判读识别独立房屋是普通房屋、突出房屋、高层房屋、损坏房屋的属性。

如图5-2所示,遥感图像空间分辨率较高时,高层房屋和普通房屋的图像。如图5-3所示,遥感图像空间分辨率较低时,街道和街区的图像。

图 5-2　较高空间分辨率遥感图像上的房屋

图 5-3　较低空间分辨率遥感图像上的独立房屋、街道和街区

在判读街区式居民地时，除了要判读识别图像是哪一类型居民地，还需要研判它的规模，如城市、集镇、村庄等，居民地规模可通过大小特征，并结合图像的地理位置信息进行判断。

5.2.2　窑洞式居民地判读

窑洞式居民地分布在黄河中游黄土覆盖地区的农村，窑洞的分布与地形和水源条件关系密切。窑洞大多数建筑在黄土坡壁或黄土冲沟上，按建筑形式，窑洞可分为地上窑洞和地下窑洞两种。

地上窑洞直接在黄土陡崖坡壁上挖掘筑成。洞口大多分布在陡崖的向阳坡壁上，坡壁棱线为稍凹向陡崖的平直图像。洞前一般有空地或院落，有的顶部为打谷场。

地下窑洞是在黄土塬上先向下挖一方形大坑，形成四面坑壁，再由坑壁水平掏成窑洞。地下窑洞顶部一般不为耕地，多为荒草地或打谷场，与坑底有明显的反差，有道路通至洞坑。可根据低于地面的方坑和坑壁阴影的判读识别。

窑洞的建筑主体在地下或坡壁上，在近似垂直获取的遥感图像，一般不能直接判读出窑洞口的位置，只能根据相关地物间接判读。面积较大的窑洞式居民地，在遥感图像上，多呈深色调、不规则的纹形图案特征；面积较小的窑洞式居民地的判读困难，可根据与之相连接的道路的相关特征，并参考其他有关地理资料判读识别。地下窑洞、地上窑洞遥感图像如图5-4所示。

(a) 地下窑洞　　　　　　　　　　　　(b) 地上窑洞

图5-4　地下窑洞、地上窑洞遥感图像

5.2.3　其他类型居民地判读

其他类型居民地主要有蒙古包、棚房等。

蒙古包是我国蒙古族人民传统的居住场所，主要分布在内蒙古和新疆等地，蒙古包大多在人烟稀少的牧区，一般是零散分布，也有密集分布的，为季节性设施。蒙古包一般为白色，呈白色或灰白色圆形（点）图像，与草地图像有较大的反差。在草原上，其他地物很少，蒙古包和蒙古包的遗留痕迹都有很好的方位作用，蒙古包都是靠近水源而建，对军事行动有一定的价值。

棚房是指可居住人的简易房屋，在判读时注意与农村温室大棚的区别。

5.3　工农业和社会文化设施判读

工农业设施，是指工业、农牧业生产的相关设施。社会文化设施，是指用于提供公共服务的建筑物、场地和设备。工农业和社会文化设施包含的范围很广，不可能一一介绍，本节主要介绍一些与军事行动密切相关的设施。

工农业设施分矿山开采、工厂、农牧渔业三个小类；社会文化设施分古迹旧址、宗教、公共设施三个小类；每一小类细分为若干一级。

工农业和社会文化设施分类与名称如表5-3所列。

表5-3 工农业和社会文化设施分类与名称

大类名称	工农业设施			社会文化设施		
小类名称	矿山开采	工厂	农牧渔业	古迹旧址	宗教	公共设施
一级类（二级类）名称	采矿场（矿井、石油井、天然气井）	发电厂（火力、水力、核、太阳能、风能）	粮库（粮仓）	遗迹、遗址	庙宇	学校
		水厂（自来水、污水处理）	饲养场	文物碑石	教堂	医院
	露天矿	钢铁厂（炼焦、烧结、炼铁、炼钢、轧钢）	种植大棚	钟（鼓、城）楼	清真寺	政府机关
		化工厂（石化、化肥、纤维、橡胶等）	水产养殖场	宝（经）塔	敖包、经堆	体育场（馆）
		机械（重工）厂（飞机、车辆、船舶等）		烽火台	碑（柱、墩）	游览娱乐
		油库、燃气库		陵园		电视塔（台）
						通信塔（台）

5.3.1 矿山开采设施判读

矿物的开采有两种：一种是地下开采，用于开采深埋地下的矿物资源；另一种是露天开采，用于开采地表或地表附近的矿物资源。

1. 采矿场

采矿场是开采地下矿物的场所。下面以煤矿采矿场为例，简要介绍采矿场的主要设施和判读要领。

煤矿的主要设施有矿井、装车煤仓、选煤场等，如图 5-5（a）所示。大型煤矿的矿井设有主井和副井，主井用于提运煤炭，副井用于人员进出和通风等。

矿井有竖井和斜井两种：竖井的主井由井架和绞车房组成，结构比较高大，有皮带走廊与装车煤仓相连；副井无井架，但一般都与轻便铁路相连；斜井是由地面斜向通往采矿面的矿井，井外设有绞车房，有铁路直接通往井底。

装车煤仓是高架在铁路上和其他道路上的储煤建筑物，一侧有皮带走廊与井架相连，周围有煤堆。选煤场是洗选煤的场所，它可以设在主井附近，作为矿井的一个组成部分，也可以单独设置，同时供几个矿井使用。选煤场的主要标志是若干个煤泥沉淀池，在遥感图像上呈圆形或长方形深色调图像。

在遥感图像上，煤矿的判读识别标志是：高大的井架，大型的煤堆、煤渣堆，皮带走廊，以及发达的交通运输线等。

铁矿、铝矿、铜矿等其他采矿场，开采的方式与煤矿相似，判读的要领也基本相同。

2. 露天矿

露天矿由矿坑和矿渣堆组成，如图 5-5（b）所示。矿坑是一个大的坑穴，内有阶梯、道路、排水沟或索道等。矿渣堆是在矿坑附近高于地面的土石或矿渣堆。在遥感图像上，矿坑和矿渣堆图像标志非常明显，易于判读识别。

3. 油井、天然气井

油井一般安装有抽油机（磕头机），油井间有道路相通。如图 5-5（c）所示，在空间分辨率较高的遥感图像上，抽油机可用形状特征判读识别，或通过阴影特征判读识别。

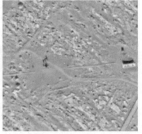

(a) 采矿场(煤炭)　　　　　　(b) 露天矿　　　　　　(c) 油井

图 5-5　采矿场（煤炭）、露天矿、油井遥感图像

天然气井有高大的井架，也可通过形状特征或阴影特征判读识别。井架是区分油井与天然气井的标志。

5.3.2 工厂判读

工厂是生产资料和生活资料的产地，对国民经济和国防建设有重要作用。与一般的居民地建筑相比，工厂的位置、组成、建筑、设施分布等方面的规律性较强。

工厂在生产过程中，需要消耗大量的原材料、燃料和水，所以工厂通常都设在原材料、燃料产地，且交通方便和水资源丰富的地方，地理特征明显。例如，棉纺厂设在产棉区，水泥厂设在石灰石产地。有的工厂还有特殊的位置要求，如造船厂一般都设在江、河、海边上。为了方便运输，避免不合理的周转，大中型工厂一般都建在城镇附近或交通方便的地方。

工厂一般有生产区、行政管理区、生活区组成。生产区包括基本车间、辅助车间、动力车间、仓库和运输设施等。

不同类型的工厂有不同的建筑设施，但归纳起来各种工厂暴露在外的建筑设施主要有：车间、仓库、烟囱、水塔、水池、管、罐、塔、办公设施、运输设施等。其建筑形式、数量及分布与工厂的性质有关。

工厂的各种设施分布一般依据生产流程和有利于管理的原则布局。通常按运输设施 – 仓库 – 生产区 – 行政管理区 – 生活区的顺序分区分布。这些设施的分布规律及形成的位置布局特征是在遥感图像上判读识别工厂的重要依据。

1. 钢铁厂

钢铁是国家的支柱产业，对国民经济和军工生产有重要作用。钢铁生产的主要过程是：铁矿石经过选矿、烧结成块后与焦炭、石灰石配合，送入高炉炼铁；将生铁送入炼钢炉精炼成钢；钢锭经加工后轧成各种钢材。因此，大型的钢铁联合工厂主要是由炼焦厂、烧结厂、炼铁厂、炼钢厂和轧钢厂等组成。

炼焦厂一般在烧结厂和炼铁厂附近，以便将练成的焦炭直送高炉。炼焦厂主要设备是炼焦炉、高大的储煤塔、熄焦塔和焦炭分配车间。

炼焦炉是长方形条状平顶建筑，顶部有能够移动的装料车，料车滑轨直接进入贮煤塔。储煤塔是贮存煤炭的高大建筑，一般为长方形，也有圆形。皮带走廊将贮煤场的煤送到储煤塔顶部。装料车从储煤塔取煤后，从炉顶装入炼焦炉。炼成焦炭后，出煤车将焦炭推出，运往熄焦塔。熄焦塔是个双曲线型高大建筑，位于炼焦炉的一端或一侧，用喷水方式对焦炭进行冷却，冷却后的焦炭被送往焦炭分配车间，筛选后送入高炉炼铁。

在遥感图像上，熄焦炉呈黑色窄条图像，附近的贮煤塔和高大的烟囱的图像、阴影十分明显，熄焦塔有白色蒸汽冒出，这些都是炼焦厂的判读标志。

烧结厂是将精选的铁矿粉烧结成块，以便于冶炼。烧结厂由破碎车间、配料间和烧结主厂房组成。烧结厂在炼铁高炉附近，主厂房高大明显，厂房顶部有排气孔，主厂房一侧有高大的烟囱，生产时常见雾尘状，这些都是直接或间接判读识别烧结厂的主要依据。

炼铁厂的任务是冶炼生铁，是钢铁厂中最重要的组成部分。高炉和热风炉是其主要设备，也是判读识别炼铁厂的主要依据。高炉是上小下大的圆桶形建筑，运送原料的斜桥将高炉顶端与原料场的料槽栈桥连接起来，高炉的另一侧是热风炉。热风炉为圆形建筑，为高炉供应热空气，通常每座高炉旁配有3~4个并列的热风炉，热风炉旁有烟囱，高炉旁还有净化煤气的煤气除尘器。除尘器也是圆形建筑，比热风炉矮，有管道与高炉顶部和使用煤气的车间相连。高炉两侧还有铁路相连，一侧将练出的铁水送往混铁炉，另一侧将炉渣送往炉渣场。

根据炼钢炉的种类，可分为平炉炼钢、转炉炼钢和电炉炼钢三种。生铁炼钢要经过配料、冶炼、铸锭和整模等工序。因此，炼钢厂一般由主厂房、脱锭间和整模间几部分组成。主厂房是一个面积很大的长方形建筑，一侧有排列整齐的烟囱（电炉炼钢是厂房顶部有排气孔），每一个烟囱对应一个炼钢炉。主厂房有铁路与附近的脱锭间和整模间相连。

轧钢厂一般位于炼钢厂附近，并有铁路与外界相连。轧钢厂的任务是将钢锭轧成板材或型材。轧钢有热轧和冷轧，轧钢的全部生产过程都在轧钢厂的主厂房内完成。在遥感图像上，轧钢厂较好识别，长度可达1~2km的大框架主厂房是轧钢厂判读识别标志。

钢铁厂的判读识别标志是：厂区范围大，烟囱和高炉林立，铁路和管道纵横，建筑物种类繁多，形状复杂，工厂上空常常有烟雾。大型钢铁联合工厂的遥感图像如图5-6所示。

2. 发电厂

发电厂的种类很多，有火力发电厂（电厂）、水力发电厂（水电站）、原子能电厂（核电站）、太阳能发电厂、风力发电厂、潮汐发电厂、地热发电厂和可再生资源发电厂等。

1）火力发电厂

火力发电厂，简称为电厂，是以煤、石油或天然气为燃料的发电工厂。以煤和天然气为燃料的火力发电厂遥感图像如图5-7所示。

图 5-6 大型钢铁联合工厂（局部）的遥感图像

图 5-7 火力发电厂遥感图像

火力发电厂主要由燃料场、主厂房、烟囱、冷却设备和变电所等组成。

燃料场是储存煤、燃油或天然气等燃料的地方。煤燃料场一般都与铁路专线连接或靠近水运码头，坐落于主厂房一侧，呈黑色图像。油燃料场一定有大型的储油罐,天然气燃料场有大型的储气罐,也有专用铁路或码头与之相连。

主厂房是发电厂的核心,其他组成部分都以它为中心配置。主厂房有锅炉间和汽轮机间两部分组成,高的为锅炉间,低的为汽轮机间。锅炉间的一侧有高大的烟囱。

冷却设备主要有冷却塔和冷却池等。冷却塔有自然通风冷却塔和机力通风冷却塔。自然通风冷却塔是一种大型的双曲线高塔,在遥感图像上特征特别明显,是火力发电厂的判读标志之一;机力通风冷却塔建筑形式似长方形房屋。

变电所是电力控制的场所,主要设备有变压器和各种控制装置。变电所一般在露天配置,四周有围墙或铁丝网,通常在发电厂的一角位置。

2) 水力发电厂

水力发电厂,简称为水电站,有堤坝式和引水式两种类型。水电站的识别标志主要有拦水大坝、厂房和输电设备。其中拦水大坝和水轮机排出的尾水激起的浪花是识别水力发电厂的重要标志。大型堤坝式水力发电厂遥感图像如图5-8所示。

图 5-8　水力发电厂遥感图像

3) 原子能电厂

原子能发电厂,简称为核电站。核电站主厂房与核反应堆临近,主厂房为坚固大型长方形建筑,核反应堆是坚固的高大的方形或圆形建筑,是判读识别核电站的重要标志。

核电站供水系统一般采用直流供水,没有散热塔。直流供水系统是直接利用海水或河水进行冷却,所以,厂房周围有水渠或地下管道连接到江河或大海,在江河或大海边,可以找到进水口和排水口,排水口有浪花。核能发电厂遥感图像如图5-9所示。

图 5-9 核能发电厂遥感图像

考虑到核电站的安全性和直流供水方式，核电站通常选择在海边或大江、大河旁边建设，并远离人口密集的居民区。

4）其他发电厂

利用清洁能源发电成为社会发展的标志，太阳能发电站、风力发电站像雨后春笋一样遍布于地球的每个角落。

太阳能发电站主要由太阳能帆板、蓄电设施、变（输）电设施组成。大规模的太阳能帆板阵列是识别太阳能发电站的标志。

风力发电站由风力发电机、蓄电设施、变（输）电设施组成。高大的风轮发电机是识别风力发电站的标志。

3. 自来水厂

自来水厂是为了取得合乎饮用要求的净化水而专门设立的工厂。一般建设在离水源地近，且靠近城市（镇）的地方。

将天然水净化为饮用水，一般经过沉淀、过滤、消毒和净化等几个步骤。

自来水厂的主要设备是各种不同形式、不同用途的水池。沉淀池为长方形或圆形水池，无顶盖；过滤池为长方形，一般有顶盖；清水池有的没有顶盖，有的有顶盖，顶盖上有通气孔。掌握这些水池的判读识别特征是判读的关键。无顶盖的水池在图像上呈深灰色或黑色调，有顶盖的水池因其覆盖材料不同，形状和色调也不相同。

自来水厂与污水处理厂都是由若干水池组成，区别自来水厂与污水处理厂主要有两个特征，一是污水处理厂不会建设在水源地附近；二是污水处理厂的水池上面有明显的用于处理污水的设备。自来水厂和污水处理厂遥感图像如图 5-10 所示。

(a) 自来水厂　　　　　　　　　　　(b) 污水处理厂

图 5-10　自来水厂、污水处理厂遥感图像

4. 化工厂

化工厂的种类很多，有石化厂、化肥厂、纤维厂、橡胶厂等。虽然它们的生产流程和产品不同，但从外观上都具有贮罐遍布、塔架林立、管道纵横、火炬通明的共同特点，这些特点是识别化工厂的标志。大型石化厂遥感图像如图 5-11 所示。

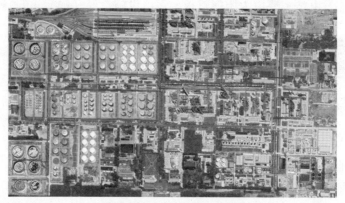

图 5-11　大型石化厂遥感图像

贮罐是用来贮存气体和液体原料、中间产品和成品的设备，外形大都是圆柱形或球形，外表颜色因贮存物不同有所区别。浮顶的贮罐一般用来贮存不易挥发的液体，如原油等。密封的贮罐一般用于贮存易挥发的液体和气体。若贮罐呈黄色或橘黄色，一般都是贮存毒性大或易爆燃的危险品。

一般情况下，化学反应都在炉塔内完成，所以，化工厂内有很多大小不一、高低分布的圆筒形塔、器装置。

很多化工厂，从原材料到中间产品，从中间产品到成品的运送都是通过管道进行，所以，地面上的管道纵横。管道有粗有细，有架空、紧贴地面或埋在地下，连接着塔架与贮罐。

有些化工厂里面，高立着火炬或排气筒，是用来燃烧或排放气体的装置，它们一般都是金属结构，是化工厂的最高建筑。

5. 机械（重工）厂

飞机制造厂、车辆（火车、汽车、拖拉机、坦克、装甲车等）制造厂、造船厂、重型机械（机床、火炮等）制造厂等都称为机械（重工）厂。这些机械（重工）厂是一个国家重工业基础，它们也归属于军事目标中的其他重要目标中的一个小类。

大框架的车间、大型的原材料库（场）和成品库（场）等，是机械（重工）厂的共同特点。

飞机制造厂有机场与之配套，火车制造厂有铁路与之连接，汽车、拖拉机制造厂有大型广场式的成品库（场），造船厂一般靠近江河大海，并有大型的塔吊和船坞，这些特征都是判读识别何种类型机械（重工）厂的重要标志。

大型拖拉机厂、机车制造厂、造船厂遥感图像如图 5-12 所示。

(a) 大型拖拉机厂　　　　(b) 机车制造厂　　　　(c) 造船厂

图 5-12　大型拖拉机厂、机车制造厂、造船厂遥感图像

5.3.3　农牧渔业设施判读

农牧渔业生产方面，常见的大型设施主要有用于贮存粮食的粮库，规模饲养牲畜的饲养场，种植蔬菜等经济植物的温室大棚，养殖鱼虾等的水产养殖场等设施。

大型的粮库一般都采用圆柱形粮仓建筑，由于圆柱形粮仓形体高大，特征明显，是判读粮库的标志。

大型饲养场一般由成排规则的平房建筑构成，有围墙或栅栏与外界隔离，并相对远离居住区。

种植大棚为长方形简易建筑，用透光性能好的塑料薄膜作为建筑材料，屋顶呈圆弧状。

淡水的水产养殖场，由若干鱼塘构成，鱼塘水面上安装有水泵，在遥感图像上能观察到水泵工作时浪花的图像。利用水库、河流、湖泊、大海养殖的水产养殖场，一般都是网箱式养殖，若干个网箱拼接成一排，多排拼接成一组，在遥感图像上可观察到浮在水面的长方形或正方形图像。

5.3.4 社会文化设施判读

社会文化设施主要有三个小类，古迹旧址、宗教场所和公共设施。其中古迹旧址是人类的共同遗产，也是作战时需要规避的区域。公共设施平时为公众提供服务，一些重要的公共设施，如政府机关、电视发射塔（台）、通信塔（台）等，在战时它们也归属于军事目标中的其他重要目标中的一个小类。

1. 公共设施

政府机关、电视发射塔（台）、通信塔（台）、学校、医院、体育场（馆）、游览娱乐、商业区等都属于公共设施。

政府机关，一般坐落于政府大院中。政府大院的特征是：建筑密度较稀疏，主次建筑较清楚，建筑大小和排列都有一定的规则，内部有主次干道，有较大的空地、停车场，并有围墙和明显的出入口，以及警戒岗哨。

电视发射塔（台），是用于发射电视或广播节目的高大建筑，其特征是高大建筑顶上有各种类型的接收或发射无线电信号的天线。

学校校园分大学、中学、小学校园。校园的特征是：有较大的空地，各种运动场，建筑密度较稀疏，主次建筑较清楚，有主次干道，并有围墙和明显的进出口（大门）等。一般大学校园规模很大，小学校园则规模较小。

医院的特征是建筑密度较稀疏，一般楼与楼之间有廊道连接，内部有主次干道，有较大的空地、停车场，并有围墙和明显的进出口（大门）等。有些医院在大楼顶或空地上标识有红十字标志造型。

政府机关、学校、医院的遥感图像如图 5-13 所示。

游览娱乐场所包括公园、游乐场等，特征是：内部建筑较少，主要以水域、植被和弯曲的小路为主。

(a) 政府机关　　　　　　　　(b) 学校　　　　　　　　(c) 医院

图 5–13　政府机关、学校、医院遥感图像

体育场（馆），一般有露天的体育场、半露天的体育场和全封闭体育场（馆）。体育场（馆）场地、建筑特有的形状特征，配套的空地、停车场等是判读识别的标志。

城市标志性建筑物，是指具有独特的外观结构、并对某一城市具有代表性的建筑物。它通常映示着城市的荣耀、民族的感情，甚至关系到国家的尊严。标志性建筑物对空中和地面的军事行动都具有明显的地标指示作用。

2. 古迹旧址

世界教科文组织列入的遗迹、遗址，以及各级政府列入重点文物保护的遗迹、遗址、碑石、柱、牌坊、塔、城楼、烽火台等都属于该小类。

遗迹、遗址历史久远，一般都埋于地下，遥感图像上特征不明显。

碑石、柱、牌坊、塔、城楼、烽火台等建筑，一般具有独特的形状，且有的高大突出。因此，在空间分辨率较高的遥感图像，可以通过形状特征和阴影特征判读识别。

3. 宗教场所

庙宇、教堂、清真寺以及一些有特殊意义的碑（柱、墩）和坟地等属于宗教场所。

庙宇是供奉祖宗、神佛或前代贤人的处所。庙宇包括进行佛教和道教活动的各种寺、观、庵、洞、宫。庙宇的建筑形式不同于普通的居民地，一般由几层大小不一、形状各异的大殿，以及东西配房组成，有的在庙内或四周建有宝塔或钟（鼓、城）楼。庙宇建筑采用人字屋顶结构，屋脊有各种造型，佛教寺庙的屋顶呈金黄色，道教的庙、观、洞、宫的屋顶呈黑灰色。

教堂是基督教徒进行宗教活动的场所，主建筑上有明显的十字架标志，特征较为明显。

清真寺是伊斯兰教徒进行宗教活动的场所，主建筑上有明显的月牙形标志。

敖包和经堆是少数民族地区用作祈神或作为游牧交界标志的石台或石堆，有的上面插有木杆，木杆上有很多彩色布条。蒙古族使用敖包，藏族使用经堆。

5.4 交通运输设施判读

交通运输设施是地面上的道路、输送管道、电力线、通讯线、车站、飞机场的总称。它是交通和通信的脉络，不但对国民经济的发展有重要作用，而且也具有军事意义。

交通运输设施分铁路、公路、道路附属设施和管线四个小类，每一小类细分为若干一级。交通运输设施分类与名称如表5-4所列。

表5-4 交通运输设施分类与名称

小类名称	铁路	公路	道路附属	管线
一级名称	高速	高速	铁路桥	电力线
	普通	等级	公路桥	通讯线
	轻轨、窄轨、地下	等外	立交桥	输气管道
	火车站	乡村路、小路	高架桥	输油管道
	编组站	汽车站	涵洞	输水管道
		高速服务区	隧道	

5.4.1 道路及附属设施判读

道路是地面交通设施的脉络，包括铁路、公路和其他道路三种类型。

1. 铁路

铁路是现代运输的重要组成部分，是国民经济的大动脉，也是部队调动和军需物资运输的主干道。铁路是一个庞大的运输系统，主要设施有线路、信号、通信、站场、机车、车辆、供水和供电设备等。

铁路可分为高速铁路、普通铁路、轻轨铁路、地下铁路、窄轨铁路、轻便铁路和绞车道等。

高速铁路、普通铁路、轻轨铁路、地下铁路都为标准轨铁路，轨距为1435mm，它们都是城市之间或者城市内部客货运输的主干道；窄轨铁路是指轨距小于标准轨距的铁路，其轨距有600mm、762mm、1000mm、1062mm等；轻便铁路是在矿区、林区，供机动牵引车、手压机车或手推车行驶的铁路；绞车道多见于矿区，铁轨铺设在斜面上，利用绞盘带动小车在钢轨上滑动升降，运送矿石等物质。

铁路按用途区分，包括正线、站线、段管线、岔线和特别用途线等。正线是指连接车站并贯穿或直股进入车站的线路。站线是车站内停靠列车，调动车辆或有指定用途的线路。段管线是指机务、车辆、工务、电务等使用的段内线路。岔线是离开正线，通向各个企业单位的线路。特别用途线为安全线和避难线。

铁路按一条路基上正线数目分为单线铁路和复线铁路。在一条路基上只有一条正线的铁路为单线铁路；一条路基上有两条或以上正线的铁路称为复线铁路。

在遥感图像上，铁路为中间色调较深（铁轨与枕木的图像），两侧边缘色调较浅（路基的图像）的带状，且边缘光滑，无明显转折点。电气化铁路路基边有间隔基本相等规则排列的电线杆，在较高空间分辨率的遥感图像中可以直接判读或通过阴影特征判读。

铁路车站可分为会让站、越行站、中间站、区段站和铁路枢纽等。

（1）会让站是单线铁路办理列车会让的车站。

（2）越行站是供快车越过慢车的车站，它们通常位于农村居民地附近，站内设备少，除正线外，一般只有1~2条站线，在线路的一侧有小型站台建筑。

（3）中间站一般位于县级或地级城镇，一般有2~4条站线，1~2个站台，站房建筑较大，站前有空地。

（4）区段站是规模很大的车站，都位于市级以上的城市或附近，站内线路较多，站房建筑较大，有天桥和地道，站前有广场。同时还有各类仓库、货物堆放场、车辆修理车间等设施。

（5）铁路枢纽，也称编组站。位于几条主干铁路交叉处，有许多站线构成，最主要的设备是调车设备，它由车场、驼峰及牵出线等组成。

站线、站台、站房建筑、站前广场、货物堆放场等特征，是判读识别铁路车站的标志。

如图 5-14 所示，是大型的铁路客运站、铁路枢纽（编组站）遥感图像。

(a) 铁路客运站　　　　　　　　　　　(b) 编组站

图 5-14　铁路客运站、铁路枢纽（编组站）遥感图像

2. 公路

公路有高速公路、等级公路、等外公路三种。

（1）高速公路是全立体交叉、全封闭的公路，其特点是在其他道路的交叉处都建有立交桥，公路两边有封闭的栅栏，公路中间有上、下行隔离带。这些特点在遥感图像上都会表现出明显的图像特征。

（2）等级公路是路基坚固，铺有沥青或水泥铺面材料，常年都能通行载重汽车的道路。一般分为国道和地方（省、县）公路。

（3）等外公路是路基较坚固，路面经过修筑，铺有沥青或水泥铺面材料，满足汽车双向行驶的较窄的公路。乡镇公路属于等外公路。

在遥感图像上，公路是带状图像，其图像色调根据所铺设的材料决定，一般沥青路呈深灰色，水泥路呈灰白色，沙石路呈浅灰色。高速公路与其他公路的区别是高速路带状平缓，没有急速的弯道，从主干道驶出有匝道连接，并附属有收费站、服务区等设施。普通公路与简易公路在宽窄和铺设材料上有明显的差别。

汽车站规模大小不一，县市级以上的汽车站有一定的规模，它一般位于城市（镇）内部或近郊，站内有停车场，站房建筑。大型的汽车站有天桥或地道，站前有广场，同时还有各类仓库、货物堆放场等设施。

3. 其他道路

其他道路包括大车路、乡村路、小路和时令路。

(1) 大车路是在农村能通行拖拉机、农用车、小汽车等小型车辆,但不能通行载重汽车,路面较窄(宽度在 3m 及以下)的道路。村村通路属于该类。

(2) 乡村路和小路是不能通行车辆的人行路。

(3) 时令路是指在一定季节能通行的道路。主要分布于沼泽或高原雪山地区。

4. 道路附属设施

(1) 道路附属设施主要有桥梁、隧道、涵洞等。桥梁建筑形式复杂,类型很多,且通行情况各不相同,主要有车行桥、立交桥和高架桥。

①凡能通过火车或载重汽车的桥统称为车行桥。包括铁路桥、公路桥、铁路公路双层桥。车行桥都与铁路或公路连接,连接着铁路的是铁路桥,连接着公路的是公路桥,既连接着铁路,又连接着公路的是铁路公路双层桥。

②立交桥有普通和大型两类,普通立交桥都是直通式,实现两条道路的立体交叉。大型立交桥一般有多层构成,实现多条道路的互通。

③高架桥指具有高支撑的塔或支柱,跨越深沟峡谷、河流、道路或其他低处障碍物的桥梁。高架桥在城市交通、高速铁路中得到广泛的应用。

在遥感图像上,通过阴影特征判读,桥与地面或底下的河流有一定的高度差,桥面的色调与其路面铺设的材料有关,与判读公路、铁路相同。在高分辨率的遥感图像,还可观察到桥墩或斜拉索,识别桥的建筑形式。

铁路桥、公路桥、城市立交桥遥感图像如图 5-15 所示。

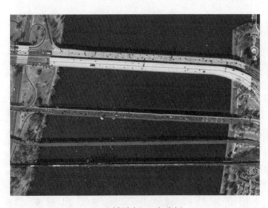 

(a) 铁路桥、公路桥　　　　　　(b) 立交桥

图 5-15　铁路桥、公路桥、城市立交桥遥感图像

（2）隧道，是人工开凿，供道路穿越高山、水域、地面建筑物的地下建筑。在遥感图像上，如果道路的图像突然断头，而在另一侧又突然出现，说明道路穿越了隧道。

（3）涵洞与桥梁都是道路跨越水流、沟壑或其他道路的建筑物，但它们在建筑规模上有较大的区别，最主要的标志是有没有主梁，有主梁的为桥，无主梁的为涵。涵洞可通过道路跨越水流、沟壑或其他道路所在位置的图像判读识别。

5.4.2 管线判读

1. 管道

管道主要用于输送水、石油、天然气等物质，有重要的经济和军事价值。

管道有的露在地面，有的埋在地下、有的架空跨越其他地物。管道为线状地物，地面管道在遥感图像上的图像为不同色调色彩、粗细均匀的细线，判读特征较明显。地下管道只能根据地上的设施，如加压站、贮油罐、贮气罐间接判读。由于微波有一定的地表穿透能力，故用空间分辨率较高的雷达图像判读较浅的地下管道是有效的。

2. 电力线路

电力线路分为输电线路和配电线路。输电线路是用高压将电能输送到远处，也称高压线路，输送电压高达上百千伏。配电线路是市电线路，一般都在居民区内或埋于地下。

输电线路按照输送电压的高低可分为：高压输电线路（10、35、110、220kV）、超高压输电线路（330kV、500kV）、特高压输电线路（1000kV以上）和直流输电线路（±500、±800kV直流电）。高压线路一般由铁塔或水泥杆来支撑，通过判读电力塔的特征与间隔，可以确定输送电压。

在遥感图像上，铁塔的色调和光照有关，当光照方向与投影方向一致时呈白色调，否则呈灰色和深灰色，阴影也比较明显。林区的高压线由于线塔掩于树中，判读比较困难，但通常在林区架设高压线时，要砍伐安全通道，使林区的电力线走向明显，在安全通道内往往可以判读到线塔位置。

超高压输电线路与铁塔、林区超高压线路与铁塔遥感图像如图5-16所示。

(a) 超高压输电线路　　　　　　　　(b) 林区超高压线路

图 5-16　超高压输电线路、林区超高压线路遥感图像

3. 通信线路

目前，主干的通信线路都采用光缆，埋在地下，遥感图像上无法识别。无线通信采用通信卫星形式和移动通信形式，在地面上设有卫星通信地面接收站和移动通信塔。

（1）卫星通信地面接收站，由天线阵地和工作机房组成，天线阵地一般有若干个指向不同方向、大小不一的抛物形天线。天线阵地的抛物形天线是判读识别卫星通信地面接收站的标志。

（2）移动通信塔是一种高大的铁塔，塔顶安装有信号发射与接收设备，地面建有小型的无人值守机房，并用围栏与外界隔离。高大的铁塔的阴影和地面建筑是判读识别的标志。

卫星通信地面接收站、移动通信塔遥感图像如图 5-17 所示。

(a) 卫星通信地面接收站　　　　　　(b) 移动通信塔

图 5-17　卫星通信地面接收站、移动通信塔遥感图像

5.5 水系及附属设施判读

水系是指海洋、江河、湖泊、水库、池塘、水渠、井、泉、盐田等各种自然和人工水体及其水上设施的总称。在国民经济建设中，水系对农业、航运、能源等有重要意义，对军事行动来说，一方面，水系对战场机动有天然屏障作用；另一方面，水系也为供水、水上交通和水上作战提供有利条件。

水系及附属设施分为陆地水系、水工建筑、海洋、航运设施和助航标志 5 个小类，每一小类细分为若干一级。水系及附属设施分类与名称，如表 5-5 所列。

表 5-5 水系及附属设施分类与名称

小类名称	陆地水系	水工建筑	海洋	航运设施	助航标志
一级（二级）类名称	河流	拦水坝	海岸	港口（商港、军港、渔港、工业港）	灯塔
	湖泊	滚水坝	干出滩		灯船
	池塘	堤	礁石	码头形式（顺岸、突堤、栈桥、浮式）码头	浮标
					立标
	水库	水闸	岛屿	码头用途（散货、渔、油、天然气、煤、矿石、集装箱、游艇、客运、修船）	
	运河		盐田		
	沟渠			船坞（干、浮）	
	水井			防波堤、港池、锚地	

5.5.1 岸线与岸

1. 岸线

岸线是水域与陆地的交界线，它决定了水域的位置、形状和范围。岸线根据水位的高低情况和水系的类别可分为常水位岸线、高水位岸线、低水位岸线和海岸线。

常水位岸线指在一年中大部分时间的平稳水面与陆地的交线。高水位岸线是指雨季最高水位形成的岸线。

在遥感图像上，由于水体与陆地的色调相差很大，所以水岸线的图像明显。但是，判读的水位岸线只代表了在获取图像的时刻水位，所以需要确定摄影时刻的水位情况，才能判定所判读的水位岸线是属于何种岸线。

在地面拍摄的图像，展示河流的高水位岸线、常水位岸线、摄影时刻的水岸线如图 5-18 所示。

图 5-18　岸线（高水位线、常水位线、水岸线）图像

2. 岸

岸是频临江、河、湖、海等水域边缘的一段陆地。根据其坡度、土质、形成的原因等，岸可以分为陡岸和缓岸、石质岸与土质岸、自然岸与人工岸。岸对水上运输、水上作战和登陆作战等有着密切的关系。

坡度大于 70°的岸坡称为陡岸。岸的坡脚与常水位岸线有便于通行的滩地称为有滩陡岸，岸坡直伸水下的陡岸称为无滩陡岸。

岸坡用木桩、砖石或混凝土等材料加固修筑的地段为加固岸。

5.5.2　陆地水系及附属设施判读

江、河、湖泊、水库、池溏、水渠、井、泉都属于陆地水系，在遥感图像上，水系与陆地的图像特征明显，很容易判读。水系一般呈面状或线状，面状水域一般色调深，线状水系也呈深色调图像，与陆地界线分明。

1. 河流

河流是自然形成的带状地物。在遥感图像上河流图像呈现出宽窄不一，变化自然，色调较深的带状图像，如图 5-19（a）所示。

2. 湖泊

湖泊自然形成是较大的面状水面，一般有河流与它相通。湖泊有咸、淡水之分，我国著名的淡水湖有洞庭湖、鄱阳湖、太湖、巢湖和洪泽湖；咸水湖有青海湖、色林措、纳木措等。

3. 水库

水库是根据自然地势，在河流上经人工修筑拦河坝后形成的蓄水区域。水库主要由库区水面、拦水坝、闸和溢洪道组成。拦水坝是水库判读的主要标志，拦水坝是拦断江河或山谷的建筑物，一般呈直线型或弧线形的浅色调图像，如图5-19（b）所示。

4. 池塘

由低洼积水的地方，经长期开发使用，形成小块的水面，称为池塘，如图5-19（a）所示。

(a) 河流和池塘　　　　　　　　　　　　(b) 水库

图5-19　河流、池塘和水库遥感图像

5. 运河、沟渠

运河、沟渠都是人工挖掘的水道。一般情况下，运河和沟渠在建筑规模上差异很大，在作用上也有所不同。运河主要用于沟通不同的河流、水系、海洋，开发水上运输。沟渠主要用于灌溉或排涝，当然，也有用于调水的干渠，如我国的南水北调渠，规模也不亚于大运河。在遥感图像上，运河、沟渠呈现平直、整齐、宽度基本一致色调较深的带状图像。

6. 水井

水井是以开采地下水为目的，钻、挖而成的地下水源，通常有两类：一类是管井，也称机井，用水泵抽水；另一类为筒井，由人工挖掘而成，深度较浅。

在遥感图像上，水井的图像很小，不易直接从图像上识别。只有通过地面的一些间接特征辅助判读识别，如在荒漠草原上的水井，供人或牲畜用水，有很多道路呈放射状通向四面八方，这是判读水井的标志。

7. 堤、坝

在江、河、湖、海，用土石或混凝土等材料修筑的带状挡水建筑物，称为堤。堤的一侧堤坡直伸入水的地段，称为堤岸。

横断江河或山谷的带状挡水建筑物称为拦水坝。按建筑形式区分，有重力坝、拱坝和支墩坝。重力坝为直线坝，拱坝为弧形坝，支墩坝的坝后有支墩承受水的压力。

滚水坝是坝顶过水的坝，主要用于提高水位，供灌溉等使用。滚水坝的建筑规模一般比拦水坝小。

堤和坝可以根据建筑形式通过形状特征判读。

5.5.3 海洋要素判读

海洋占地球表面积的71%，是水系的重要组成部分。海洋要素大部分都在水下，在遥感图像上没有成像。因此，判读的主要内容主要是遥感图像上能成像的海岸、干出滩、岛屿等范围和性质。

1. 海岸

海岸线是平均大潮高潮面所形成的岸线。它既不是平均海水面与陆地的交线，也不是一般高潮时所形成的岸线，而是多年大潮高潮时平均水面与陆地的交线。在地形图上，海岸线不仅用来表示海洋的范围，而且也是助航标志的高度起算面。

遥感图像一般不是在大潮高潮时获取的，即便是在大潮高潮时获取的，此时的高潮面也并不一定正好是海岸线。因此，图像上水涯线不是海岸线的位置，不能按图像水涯线描绘海岸线。一般应根据海岸植物的边线、土壤、植物的颜色、湿度硬度变化线以及水草、贝壳等冲积物、海蚀坎部等图像特征判出海岸线的位置。

2. 干出滩

干出滩是大潮低潮界与大潮高潮界间的滨海地带，也称海滩。在遥感图像上，判读出大潮低潮界线和大潮高潮界线的可能性很小。所以，遥感图像判读出的干出滩只能代表拍摄该幅遥感图像那一时刻的干出滩范围。

干出滩的性质和范围对于登陆作战有重要意义，判读干出滩除了确定其范围，还应确定其性质，干出滩的性质根据质地分为硬性滩（岩石滩、珊瑚滩、砾石滩）、软性滩（沙滩、泥滩、沙砾滩）、植物滩（红树滩、芦苇滩、丛草滩）等。如图5-20（a）所示，干出滩为软性滩（沙滩和泥滩）。

3. 礁石

礁石是海洋中隐、现于水面由岩石或珊瑚构成的海底突出物。礁石分为明礁、干出礁和暗礁。

明礁是高于大潮高潮面的礁石；干出礁是在大潮高潮面以下，大潮低潮面以上的礁石；暗礁是低于大潮低潮面的礁石。

判读礁石时，要注意区分明礁与岛屿、明礁与干出滩、暗礁与干出滩的区别。

4. 岛屿

岛屿是指四面环水并在高潮时高于水面，自然形成的陆地区域，而且能维持人类居住或者本身的经济生活。面积大的为岛，面积小的为屿。根据联合国海洋法公约，海上的岛屿拥有领海、毗邻区和专属经济区的主权，所以岛屿对国家主权非常重要。

5. 盐田

盐田是指沿海人工修筑的利用海水取卤制盐的场所。将涨潮时的海水，存储在纳潮池内，并用水泵抽入低级池，当海水蒸发到一定程度时，进入中级池，然后到高级池。当浓度达到25%时，进入结晶池，结晶成海盐。各级盐池一般都是用土埂分成方格状，从初级池到高级池，方格土埂逐步由疏到密。结晶池是收集海盐的地方，附近有仓库或有道路与仓库连通。盐田在遥感图像上呈较规则的格网状，其色调由深变浅，如图5-20（b）所示。

(a) 海岸、干出滩　　　　　(b) 盐田

图 5-20　海岸、干出滩和盐田遥感图像

5.5.4　航运设施判读

1. 港口与码头

1）港口

港口是位于海、江、河、湖沿岸，具有水陆联运设备及条件，供船舶安全进出和停泊的运输枢纽。港口是水陆交通的集结点和枢纽处，是工农业产品的集散地，也是船舶停泊、装卸货物、上下旅客、补充给养的场所。

港口按用途分类，有商港、军港、渔港和工业港等。

（1）商港是指供商船往来停靠，办理客、货运输业务的港口。商港有自己的水上和陆地的商港区域。在商港区域内，有为便利船舶出入、停泊、货物装卸、仓储、驳运作业、服务旅客的水面、陆上、海底及其他一切有关设施。

（2）军港是指军队使用的港口。

（3）渔港是指专供渔船和渔业辅助船停泊、使用的港口。用于船舶傍靠、锚泊、避风、装卸渔获物和补充渔需及生活物资，并可进行渔获物的冷冻、加工、储运、渔船维修、渔具制造以及船员休息、娱乐、医疗等。

（4）工业港是为临近江河湖海的大型工矿企业直接运输原材料、燃料和产品的港口。

2）码头

码头是专供船舶停靠，上下旅客和装卸货物的场所。按其建筑形式可分为顺岸式码头、栈桥式码头、突堤式码头和浮桥式码头。在遥感图像上，码头有较清晰的图像，其轮廓形状反映码头的建筑形式。

（1）顺岸式码头是将水域的岸加固，供舰船顺岸停靠的码头。如图5-21（a）所示。

（2）栈桥式码头是在离岸不远的水域修建与岸线基本平行的堤坝，供舰船停靠，堤坝与岸线间用引桥或堤相连。如图5-21（b）图所示。

(a) 商港（顺岸式码头、集装箱码头）　　　(b) 商港（栈桥式码头、油码头）

图5-21　商港（顺岸式码头、集装箱码头）和商港（栈桥式码头、油码头）遥感图像

（3）突堤式码头是在水中修建一个与岸线垂直或斜交的堤坝，舰船在堤的两侧停靠。如图5-22（a）图所示。

（4）浮式码头是在水位涨落较大的水域，将浮桥锚定于岸边，用栈桥与岸相接，船只靠在浮桥边。如图5-22（b）图所示。

按码头用途分类，有散货码头、专用码头（渔码头、油码头、天然气码头、煤码头、矿石码头、集装箱码头、游艇码头等）、客运码头、修船码头等。

在遥感图像上，主要通过判读港口码头周围的建筑特点、码头上装卸货物的设备、货物堆放场、停靠码头的船只等，间接确定码头的性质。

码头货物堆放场货物品种多，杂乱，停靠码头的船只基本上都是小型的散装货轮，这个码头肯定是散货码头。

若码头货物堆放场整齐摆放着大量集装箱，有整齐装卸货物的设备（龙门吊），停靠码头的船只基本都是大型的集装箱货轮，则该码头为集装箱码头。如图5-21（a）所示，为商港（集装箱码头）。

若码头周围有众多整齐排列，大小不一的贮罐（油、天然气），码头形式为栈桥式或突堤式，停靠码头的船只基本都是大型的油轮，则该码头为油码头或天然气码头。如图5-21（b）所示，为商港（油码头）。

若码头周围建筑是整齐的封顶的大厅式建筑，停靠码头的船只基本都是客船或大型的邮轮，则该码头为客运码头。如图 5-22（a）所示，为商港（客运码头）。

若停靠码头的船只为军舰，则该码头为军用码头。如图 5-22（b）所示，为军港（浮桥式码头）。

(a) 商港 (突堤式码头、客运码头)　　　　　(b) 军港 (浮桥式码头)

图 5-22　商港（突堤式码头、客运码头）和军港（浮桥式码头）遥感图像

2. 防波堤、港池与锚地

防波堤是指为阻断波浪的冲击力、围护港池、维持水面平稳以保护港口免受坏天气的影响，以便船舶安全停泊和作业所修建的水中人工建筑物。防波堤掩护的水域常有一个或多个口门供船舶进出。

港池是港口内供船舶停靠、作业、驶离和掉头操作的水域。港池要有足够的面积和水深，要求风浪小和水流平稳。港池有的是天然形成的，有的是由人工建筑物掩护而成的，也有的是人工开挖海岸或河岸形成的。港池包括码头前沿水域、船舶旋回水域、港内锚地等。

在遥感图像上，防波堤是伸出水面的条带状图像，与水面色彩有明显的区别。防波堤掩护的水域就是港池。

锚地是供船泊安全停泊的水域，分为港外锚地和港内锚地。

港外锚地供船舶进港前停泊等待引航或接受检查；一般选在水流平稳，无水下障碍和不影响水上交通的水域。

港内锚地设在港池内，主要供船泊等候停泊码头或进行水上过驳作业。有的港内锚地设有浮筒或趸船，供无动力设备的驳船集结、装卸货物、编队或等待分配停靠码头。

锚地无栈桥与岸相连，在判读时只能根据集结的船只图像确定其位置。

3. 船坞

船坞是建造或检修舰船的场所。固定在岸边的称为干船坞，漂浮在水中的称为浮船坞。

（1）干船坞为长方形池状建筑，坞底低于水面，三面是坚固的坞壁，靠水的一面是坞门。干船坞位于水域的岸边，大型的干船坞通过形状特征很容易判读。如图5–23（a）所示。

（2）浮船坞由坞底、坞壁、贮水仓、排水设备和操纵室等组成。坞底在中间凹下，两侧为凸起的坞壁。当贮水仓灌满水之后，坞体下沉，待船只进入坞内，排出贮水仓的水，坞体连同船只一起浮出水面，以便对船只进行修理。船坞可用拖船拖到需要的地点，位置不确定。

在遥感图像上判读浮船坞，可通过形状特征判读识别。干船坞、浮船坞遥感图像如图5–23所示。

 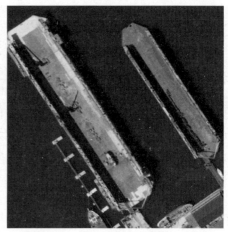

(a) 干船坞　　　　　　　　　　　(b) 浮船坞

图5–23　干船坞、浮船坞遥感图像

4. 助航标志

航标是为了引导或辅助船舶航行，在岸上或水上设置的标志。按航标的建筑形式，可分为灯塔、灯船、浮标和立标4种。

（1）灯塔通常设置在海岸岬角、岛礁、港口岸上，是用于引导船舶航行的发光航标。灯塔高大明显，是典型的塔形建筑。

（2）灯船是设在浅滩或暗礁附近可发光的一种导航标志。它的底部是小船，船上是灯，一端被锚在固定的位置上，随水流波动，所以灯船的方向一般与水流方向一致，船头指向上游。与水流方向一致是灯船的主要判读标志。

（3）浮标是设置在水面的航标，用于指示航道、浅滩、礁石、沉船等位置。设在海上的浮标多固定在铁制浮筒上，而浮筒用锚或沉锤碇固。

（4）立标是设在岸边、岛屿上供船只白天助航、测速的不发光标、杆或其他标志。属于塔形建筑，在遥感图像上可通过阴影特征判读。

5.6 植被判读

植被是在一定区域内，覆盖地面的植物及其群落的泛称。所谓群落，是指在一定的自然环境下，一定植物有规律的组合。植被不仅可以绿化荒山、美化环境、保持水土、防止土壤沙化，而且其本身也有很高的经济价值，在军事上，植被有隐蔽、防护、障碍和方位作用。

植被分为乔木林、灌木林、经济作物林、耕地和草地5个小类，每一小类细分为若干一级。植被分类与名称如表5-6所列。

表5-6 植被分类与名称

小类名称	乔木林	灌木林	经济作物林	耕地	草地
一级类名称	森林	密集	经济林地	稻田	草地
	疏林	稀疏	旱生作物地	旱地	高草地
	幼林（苗圃）		水生作物地	菜地	
	狭长林带		竹林		
	独立树				

5.6.1 林地判读

林地包括乔木林地、灌木林地和经济作物林地。

1. 乔木林地

乔木林是指有明显的主干，多年生长的木本植物林。根据其高度、粗度、密集程度和分布范围不同，将乔木林分为森林、疏林、幼林（苗圃）、狭长林带、独立树等。

在遥感图像上，乔木林地的图像色调和色彩，不仅与树种有关，而且与摄影季节和地理纬度有关。南方的乔木林一年四季常绿，只有在春季开花和秋冬季落叶时节，绿中带点花和黄的色彩。北方地区四季分明，夏季、秋季呈现绿色，春季、冬季开花和落叶时节，呈黄色或其他色彩。为了便于描述判读要领，下面假设遥感图像均在乔木林生长旺盛的季节获取。

森林是指树木生长茂盛，面积大，郁闭度①高的林地。森林在遥感图像上的图像，呈大面积深绿色或绿色的色彩，从地面过渡到树林的交界区域观察，可看出树林明显高于地面。在空间分辨率较高的遥感图像上，阔叶林的纹理是粗糙的团状颗粒，树冠形状一般为椭圆形或圆形，阴影为椭圆形；针叶林纹理多为密集的针点状，单株树木成塔状，阴影为细长的圆锥图形。如图5-24（a）所示为森林遥感图像。

疏林是指树木比较稀疏，郁闭度较低的林地。在遥感图像上，疏林与森林特征几乎相同，主要差别是植被的密度低，图像的整体色彩没有森林绿。在空间分辨率较高的遥感图像上，可分辨出单株树木和地面。如图5-24（b）所示为疏林遥感图像。

幼林（苗圃）是指尚未成材或正在培育的种苗。在遥感图像上，图像纹理光滑、细腻，形如细毛，色彩为绿色或浅绿色，从地面过渡到树林的交界区域观察，可感觉到树林紧贴地面。如图5-24（b）所示为幼林遥感图像。

(a) 森林　　　　　　　　　　　　(b) 疏林和幼林

图5-24　森林、疏林和幼林遥感图像

狭长林带、行树，主要通过区域图像的形状特征和色调色彩特征判读识别，狭长林带、行树都是长条形，纹理丰富，呈绿色的条带图像，并且有条带形阴影。

独立树，图像呈点状深色调或绿色色彩，有细长的阴影。在空间分辨率较

---

① 郁闭度是指树冠覆盖地表的面积和森林总面积的比值。

高的遥感图像上，图像呈小面积的深色调或绿色色彩，阴影为树冠的形状。

2. 灌木林地

灌木林是指没有明显的主干、枝叉丛生的林地。根据密集程度，灌木林分为密集灌木林和稀疏灌木林。

密集灌木林地的色调为深灰、浅黑或黑色，色彩为深绿、绿色或浅绿，纹理多为密集的针点状，但由于灌木较矮，且株冠较小，所以和地面高度差不明显。

相比于密集灌木林地，稀疏灌木林地的密度低，图像的整体色调和色彩比密集灌木林地浅。如图5-25（a）所示，为稀疏灌木林地。

3. 经济作物林地

经济作物林、地，是指以取其花、果、汁、根、茎等作为食品、药材或工业原料的多年生长的林地。经济作物有的类似于乔木，有的类似于灌木，有的是草本作物。

经济作物林、地分经济林地、旱生作物地、水生作物地和竹林等。

（1）经济林地，是指种植乔木类和灌木类经济作物的林地。在遥感图像上，其图像色调色彩、纹理与乔木林和灌木林相似，只是种植区域呈现人工种植的判读标志。如图5-25（b）所示，为经济作物林地（茶园）。

(a) 灌木林地　　　　　　　　　　　(b) 茶园

图5-25　灌木林地（稀疏）和经济作物林（茶园）遥感图像

（2）旱生作物地，是指生长旱生草本类经济作物的地域。旱生草本类经济作物品种很多，差异很大。在遥感图像上，其图像色调色彩、纹理可能与灌木林相似，也可能与草地相似，判读识别旱生作物地，最主要的判读标志是人工种植判读标志。

(3) 水生作物地，是指生长经济作物的水域。在遥感图像上，通过图像色调色彩和纹理特征，可以判读区分水域和种植水生作物的水域。

(4) 竹林，是指竹子生长茂密的林地。在遥感图像上，竹林的图像侧影较虚不明显，纹理比树林细腻犹如绒状，其与针叶林有明显的区别。

经济作物林通常由人工种植，在遥感图像上，人工种植的图像判读标志是：具有较规则的点状纹理，山地的经济林地多沿等高面种植，其纹理与等高线相似，平地的经济林地有规则的外轮廓。

5.6.2 耕地与草地判读

耕地主要有稻田和旱地两种类型。

稻田主要种植水稻，在遥感图像上，稻田在蓄水期、生长期和收割期的图像色调和纹理相差较大。蓄水期的稻田，只看到水面，色调为黑色或浅黑色；生长期的稻田，看到的是水稻图像，色调为灰至深灰，色彩为浅绿至绿；收割期的稻田，色调为浅白或浅灰，色彩为浅黄至金黄。稻田的形状是由田埂构成的规则和不规则的格状。

旱地主要种植小麦或其他经济作物。旱地在无种植作物时，只能看到裸土地，色调为浅灰色；种植小麦后，看到的是小麦图像，从生长期到收割期，全色图像上色调为灰至深灰再到浅灰，真彩色图像上色彩为浅绿、深绿再到黄或金黄。旱地的形状也是由田埂构成的规则和不规则的格状。

草地在全色图像上色调为灰白色至深灰色，地表湿度对草地的色调影响较大，湿度越大色调越深。真彩色图像上草地的色彩为浅绿、绿或浅黄，草地呈细致、平滑的丝绒状纹理。高草（如芦苇、蒲草等）多生长于湖泊、沼泽、河流的岸边等潮湿处，图像色调呈深灰色或黑色，色彩为绿至深绿色，与其他地物反差很大。

稻田、旱地（小麦）、草地的遥感图像如图5-26所示。

(a) 稻田　　　　　　　　(b) 麦田　　　　　　　　(c) 草地

图5-26　稻田、旱地（麦田）、草地遥感图像

5.7 地貌与土质判读

地貌是地球表面起伏形态的总称。按地貌的成因可分为构造地貌、流水地貌、海岸地貌、溶蚀地貌、风蚀地貌、风积地貌等。按地形起伏的比高和地表坡度，地貌可分为平原、丘陵、山地和高山地。

土质是覆盖在地壳表面的土壤和岩石的性质，如沙地、盐碱地、石块地、露岩地、龟裂地、白板等。

在地形图上，地貌用等高线配合变形地貌符号表示，土质用各种符号加以区分。

地貌和土质对国民经济建设和军事行动有直接的影响。

在遥感图像判读中，地貌划分为岩溶地貌、黄土地貌、冰川地貌、干燥区地貌。地貌与土质分类与名称如表5-7所列。

表5-7 地貌与土质分类与名称

小类名称	岩溶地貌	黄土地貌	冰川地貌	干燥区地貌	土质
一级类名称	岩峰	黄土梁	山谷冰川	风积地貌（沙漠、沙丘）	沙地
	溶斗	黄土峁	悬冰川	风蚀地貌（残丘、洼地）	沙砾地
	溶洞	黄土冲沟	冰斗冰川	流水地貌（干河床、干湖）	盐碱地
		黄土陷穴	平顶冰川	物理风化地貌（戈壁滩）	小草丘地
			冰碛地貌（终碛垄、终碛丘）		龟裂地
			冰蚀地貌（冰斗、角峰、冰蚀谷地、羊背石）		石块地
					沼泽地

5.7.1 地貌判读

1. 岩溶地貌

岩溶地貌，也称"喀斯特"地貌，是由岩溶作用所形成的各种地貌形态的总称。岩溶地貌具有明显的维度地带性。我国南岭山脉以南的广西、贵州、云南和广东西部等地，有大面积纯度高、厚度大、层面水平的石灰岩，四季炎热多雨，有利于岩溶地貌的发育，岩溶地貌的特征表现在岩峰（以峰林、峰丛和孤峰）为主。长江中下游的华中地区，岩溶化程度低，以岩溶丘陵和岩溶洼地（溶斗）为主。华北等地也有溶洞、溶蚀洼地（溶斗）等岩溶地貌分布，以泉、干谷为主。

岩溶地貌的基本形态特征是：高矮岩峰林立、大小坑洼密布、河流忽明忽暗、溶洞大小不等。

岩峰是岩溶地貌最显著的特征，岩峰的表现形式有峰丛、峰林、孤峰和残丘等形态，通过岩峰的形态及其分布，可以确定岩溶地貌所处的不同发育期。岩峰遥感图像如图 5-27（a）所示。

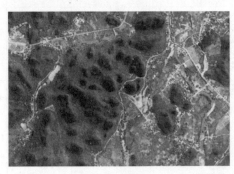 

(a) 岩峰　　　　　　　　　　　　(b) 石林

图 5-27　岩溶地貌（岩峰、石林）遥感图像

峰丛是峰林的雏形，其特征是：数座石峰基部相连，石峰高差一般小于基部高差，溶蚀洼地或平地不在同一溶蚀基准面。

峰林是由峰丛进一步溶蚀分离形成，它比峰丛高，基部微微相连。峰丛、峰林形体较小而且陡峭。

岩溶盆地是负向地貌，又称溶斗或溶盆。其四周石峰环绕，底部平坦或略有起伏，石峰坡脚处常有暗河出口，较大的岩溶盆地中还常散立一些孤峰、残丘和小型浅缓的洼地。

岩溶平地表现出岩溶地貌已发育到晚期阶段。平地外围有厚层石灰岩形成的溶沟，石牙和溶柱。高差可达数米至几十米，成群分布，犬牙交错，犹如万水剑树，密集成林。这种特殊的石柱组合称为石林。如图 5-27（b）所示，为石林遥感图像。

溶洞是岩溶地貌特有的一种地下形态，它是石灰岩地区地下水长期溶蚀的结果。

在遥感图像上，岩峰图像及其阴影是岩溶地貌最为明显的识别标志。

2. 黄土地貌

黄土地貌是一种形成于第四世纪时期的特殊松散土状堆积物，分布范围较广。在我国，黄土地貌主要分布在昆仑山、秦岭和大别山以北地区。其中，位于黄河中游地区，是我国黄土最集中，厚度最大的地区。这里地势高，黄土覆盖层呈连续分布，面积达 27 万 km^2 之多，地理上称之为黄土高原。

黄土地貌的特点是：黄土松软，多孔隙，并含有一些易溶矿物质。黄土易受地表水侵蚀，出现黄土滑坡、黄土崩崖、黄土塌陷、黄土柱和冲沟纵横等景象。另外，黄土有丰富的垂直节理，当坡面被侵蚀后，往往坡壁陡峭，如刀削斧剁一般。虽然千沟万壑是黄土地貌的共同特点，但是，其总形态和水系格局仍受黄土堆积前古地形的限制。原为盆地地区，黄土边缘到中心由薄到厚沉积，流水侵蚀后，留下的多为大面积的平坦的黄土塬和黄土梁。原始地貌为小丘者，多发育成顶部为馒头状的圆形或椭圆形黄土卯。

黄土梁是长条形的黄土丘陵，是黄土地貌中面积最大、分布最普遍的谷间地地貌。黄土梁分为平顶梁、斜顶梁和起伏梁，分布在黄土沟壑区的主要是平顶梁，分布在丘陵沟壑区的以斜梁和起伏梁为主。由于黄土谷间地貌是由黄土堆积形成，也受沟壑发育的影响，在地域分布上往往是互相交错，界限很难明确划定。如图 5-28（a）所示，为黄土梁遥感图像。

黄土卯是圆形或椭圆形黄土丘陵。卯顶面积很小，呈明显的隆起，由中心向四周的斜度一般在 3°~5°；由卯顶以下直到谷缘的卯坡，面积很大，坡度变化在 10°~35°之间，为凸形斜坡。黄土卯分布一般呈散列或者呈线状延伸。如图 5-28（b）所示，为黄土卯遥感图像。

黄土冲沟类型复杂，大小和形态差别很大。依冲沟的组合图形可分为树枝状、平行状、梳状和叶脉状等；依形体轮廓和发育部位可分为巷沟、陡壁沟、底冲沟和悬冲沟等。如图 5-29（a）所示，为黄土冲沟遥感图像。

黄土陷穴是黄土区的一种圆形或椭圆形洼地，西北地区称其为龙眼或灌眼。有的陷穴有孔穴与地下小孔相通，呈漏斗状，类似石灰岩溶斗。黄土陷穴

(a) 黄土梁　　　　　　　　　(b) 黄土峁

图 5-28　黄土地貌（黄土梁、黄土峁）遥感图像

(a) 黄土冲沟　　　　　　　　(b) 黄土陷穴

图 5-29　黄土地貌（黄土冲沟、黄土陷穴）遥感图像

是由于地表水和地下水沿黄土垂直节理进行侵蚀、冲刷，下部黄土被水流蚀空，表层黄土发生坍塌和湿陷而形成的。黄土陷穴多出现在谷间的边缘、谷坡上方以及冲沟跌水和沟头陡崖的上方。黄土陷穴遥感图像如图 5-29（b）所示。

3. 冰川地貌

1) 冰川

冰川是寒冷的高纬度地区或高山地区，自然形成的沿地表运动的巨大冰体。全球冰川约有 1500 万平方千米，约占陆地面积的 10%。根据形态，世界上的冰川可分为两大类，即大陆冰川和山岳冰川。大陆冰川主要分布在南极和格陵兰岛。山岳冰川又称高山冰川，主要分布在中、低纬度地区的高山上，冰体仅覆盖山体的局部。我国的冰川均属山岳冰川，主要分布在新疆、西藏、青海、甘肃、云南、四川等省。

山岳冰川的发育在一定程度上受地形条件的影响，一般出现在能够存储大量且能达到一定厚度积雪的低洼地区。因此，冰川的发源地多为三面环山，中间十分低洼，形似圈椅的地形特点。山岳冰川主要表现形式有山谷冰川、悬冰川、冰斗冰川和平顶冰川等。

山谷冰川是冰体沿坡流进山谷并远离雪线，像一条冰冻的河流，沿谷地流动。山谷冰川有单式、复式和树状山谷冰川。山谷冰川在遥感图像上呈浅白色的波浪状粗糙纹理或呈细线状纹理。山谷冰川遥感图像如图 5-29（a）所示。

悬冰川是指冰川厚度较薄，面积很小，发育在山坡比较平缓或相对低洼的地方，冰雪补充不太多，呈盾形或马蹄形依附在陡坡上，从远处看好像是悬挂在山坡上。

冰斗冰川是分布在高山上部洼地中的冰川，储存冰雪的洼地称为冰斗。冰川发育前是积水盆地或地势平缓的地形，气候变冷时开始发育冰川，首先积累大量的冰雪，达到一定的厚度后，在自身压力和重力作用下发生运动而形成冰川。冰斗冰川三面围场形成陡壁，朝向斜坡开口处有稍高横坎。冰斗冰川遥感图像如图 5-30（b）所示。

平顶冰川，一般发育在高山顶部比较平坦的地方。平顶冰川形如薄饼，又像白色的冰帽子覆盖在山顶上，边缘轮廓平滑整齐，有的则从边缘伸出短小的冰川舌。平顶冰川遥感图像如图 5-30（c）所示。

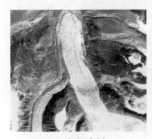  

(a) 山谷冰川　　　　(b) 冰斗冰川　　　　(c) 平顶冰川

图 5-30　山岳冰川（山谷冰川、冰斗冰川、平顶冰川）遥感图像

2）冰川地貌

冰川地貌是在冰川侵蚀和堆积作用所形成的地貌形态，主要分为冰蚀地貌和冰碛地貌。

（1）冰蚀地貌主要有冰斗、角峰、冰蚀谷地、羊背石等形态。

①冰斗原为冰川发源地所处的洼地，因寒冷风化和冰川的掘蚀、刨蚀作用

逐渐变深而成。在冰川消退后形成很深的洼地，有的积水成湖，称为冰斗湖。

②角峰是原山顶周围分布着多个冰川，由于冰川的扩大和刨蚀作用使山顶越来越小，越来越尖，最终形成的锥状山峰。

③冰川沿山谷流动对谷底进行刨蚀和侵蚀，使谷坡变陡，谷地横剖面由V型变为倒U型或槽型。这种被冰川改造过的谷地称为冰蚀谷地。

④由于地质条件和地形条件不同，冰蚀谷地的局部形态相差较大。低洼的地方常积水成湖，称为冰蚀湖。有的地方形成了成群的椭圆形石质小丘，犹如匍匐的羊群，故称为羊背石。

（2）冰碛地貌形态，是指冰川在运动时带有大量的冰碛，当冰川消融后，这些冰碛会重新堆积形成各种冰碛地貌形态，如终碛垄、终碛丘等。

4. 干燥区地貌

我国的干燥区主要分布在东经75°至125°，北纬35°至50°之间的西北、华北北部和东北西部的干旱和半干旱地区内。其中在乌峭岭和贺兰山以西地区最为集中。

干燥区气候干燥，降雨量少，植被贫乏，温差较大，蒸发强烈，风力强劲，风向复杂。因此，在强烈的物理风化，暂时性流水和风力的作用下，形成了沙丘、戈壁、风蚀残丘、干河床和干湖等典型的干燥区地貌。

干燥区地貌大体可分为风积地貌、风蚀地貌、流水地貌和物理风化地貌。干燥区地貌的几种表现形式遥感图像如图5-31所示。

图5-31 干燥区地貌（风积地貌、风蚀地貌、流水地貌、物理风化地貌）遥感图像

沙漠和各种沙丘是典型的风积地貌；残丘、洼地是典型风蚀地貌；干河床和干湖是典型的流水地貌；而戈壁则是由强烈的物理风化形成的，是典型的物理风化地貌。

(1) 风蚀地貌的表现形式是风蚀长丘、风蚀洼地。

①风蚀长丘是垄状小丘，长度很大，高度很低，呈栅栏状相互排列。

②风蚀洼地是在风蚀的作用下形成的地表支离破碎的地段，残丘很小。在遥感图像上，小丘形似蝌蚪，迎风面陡峭，背风面平缓。风蚀地貌中的风蚀洼地遥感图像如图5－32所示。

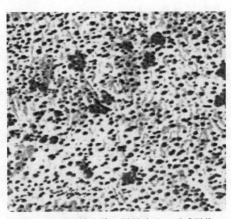

图5－32　风蚀地貌（风蚀洼地）遥感图像

(2) 风积地貌的表现形式是沙漠和各种沙丘。沙丘的形状有新月形沙丘、沙丘链、沙垄、金字塔沙丘、窝状沙地、灌草丛沙丘、平沙地、复合型沙丘、复合型沙垄等。在遥感图像上，沙丘的色调较浅，色彩呈浅黄色或黄色，通过图像的形状特征可判读识别沙丘的类型，区别新月形沙丘、沙丘链、沙垄、金字塔沙丘、窝状沙地、灌草丛沙丘、平沙地、复合型沙丘、复合型沙垄等。风积地貌沙丘中的平沙地、复合型沙垄、窝状沙地遥感图像如图5－33所示。

(a) 平沙地　　　　　　(b) 复合型沙垄　　　　　　(c) 窝状沙地

图5－33　风积地貌－沙丘（平沙地、复合型沙垄、窝状沙地）遥感图像

(3) 流水地貌的表现形式是干河床和干湖。在遥感图像上，干河床呈白色或灰白色宽度自然变化的带状图像，大多有明显的河床边界；干湖呈白色或灰白色面状图像，有明显的湖泊边界。

(4) 物理风化地貌的表现形式是戈壁，戈壁一般大面积分布。戈壁滩是粗沙、砾石覆盖在沙土层上，仅散列生长耐碱草类或灌木的荒漠地。戈壁有剥蚀戈壁和堆积戈壁之分，剥蚀戈壁是基岩经长期风化、剥蚀作用，残积或堆积而成；堆积戈壁是山地风化剥蚀后的砾石、沙砾经流水作用搬运至山前地带堆积而成。在遥感图像上，戈壁滩色调比沙漠深，呈深灰色，色彩呈棕褐色，纹理较沙漠粗糙。堆积戈壁遥感图像如图5-34所示。

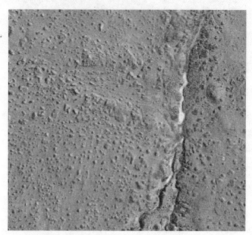

图5-34 物理风化地貌（堆积戈壁）遥感图像

5.7.2 土质判读

土质的类型主要有沙地、沙砾地、石块地、盐碱地、小草丘地、龟裂地、白板地和沼泽地等。

1. 沙地

沙地是指地表被沙丘（或沙）覆盖，通常以固定或半固定沙丘为主，气候半干旱或半湿润，多风少水流和植被较少的地区。在遥感图像上，沙地色调较浅，色彩呈浅黄色或黄色，纹理呈平滑状或沙丘的各种形状的。

2. 沙砾地

沙砾地是指地表被沙和小石块的混合体覆盖的地段。在遥感图像上，沙砾地色调比沙地略深，呈灰色，纹理较沙地粗糙。沙砾地遥感图像如图5-35（b）所示。

 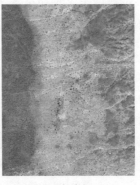 

(a) 沼泽地　　　　　　　(b) 沙砾地　　　　　　　(c) 盐碱地

图 5-35　土质（沼泽地、沙砾地、盐碱地）遥感图像

3. 石块地

石块地是裸露岩石受物理风化作用而机械崩裂形成的碎石块堆积地段。多分布于寒冷山区的谷地和山坡岩石之上。石块地与戈壁的不同之处在于石块地的石头大，通行困难。在遥感图像上，石块地色调呈浅白色或浅灰色，纹理粗糙。

4. 盐碱地

盐碱地是地表盐碱聚积，草木生长极少的荒漠地表。在我国西北、东北、黄河下游、淮河下游都有分布。在遥感图像上，盐碱地的色调因含水量和耐盐碱植被覆盖度不同而异。干燥处呈白色或浅灰色调；潮湿处或有植被覆盖处呈灰色或深灰色调，并组成浮云状的斑纹图案。盐碱地遥感图像如图 5-35（c）所示。

5. 龟裂地、白板地

龟裂地、白板地都发源于荒漠中平坦的低洼地，暂时性流水从周围流向洼地，在洼地中央沉积了大量的泥质沉淀物，从而使洼地变成平坦的泥漠。由于荒漠气候干燥，蒸发强烈，泥漠很快失去水分变硬，表面形成龟裂状的称为龟裂地，没有龟裂的称为白板地。在遥感图像上，龟裂地色调呈浅白色或浅灰色，龟背状纹理清晰。白板地色调呈浅白色或浅灰色，纹理平滑。

6. 小草丘地

小草丘地是指在沼泽、草原、荒漠地区草丘或灌木丘成群分布的地带。

在遥感图像上，小草丘地的色调因含水量和植被覆盖度不同而异。干燥处呈浅灰色调，纹理略粗糙；潮湿处呈灰色或深灰色色调，并组成点状的斑纹图案。

7. 沼泽地

沼泽地是指长期受积水浸泡，水草茂盛的泥泞地区。依据沼泽地的成因，沼泽地可分为由湖泊变成的沼泽地、低洼平原上河流沿岸的沼泽地、森林地区的沼泽地、过于湿润地区的沼泽地等。按照通行情况，可分为可通行沼泽地和不可通行沼泽地。

在遥感图像上，沼泽地的色调因含水量和植被覆盖度不同而不同。干燥处呈灰色调，纹理犹如绒状；潮湿处呈深灰色调，并组成斑纹图案。沼泽地遥感图像如图 5–35（a）所示。

思考题

1. 居民地可分为哪些类型？影响居民地类型的主要因素有哪些？
2. 发电厂有哪些类型？火力发电厂的主要组成有哪些？
3. 遥感图像上，如何区分普通公路和高速公路？
4. 陆地水系包含哪些？它们在遥感图像上有何异同？

参考文献

[1] 四川省测绘产品质量监督检验站，国家测绘地理信息局卫星测绘应用中心，国家测绘产品质量检验测试中心．光学卫星遥感影像质量检验技术规程：CH/Z 1044—2018［S］．北京：中华人民共和国自然资源部，2018.
[2] 刘志刚，李超，黎恒明．遥感图像军事判读基础［M］．西安：西北工业出版社，2019.
[3] 冯伍法．遥感图像判绘［M］．北京：科学出版社，2014.
[4] 芮杰，金飞，王番，等．遥感技术基础［M］．2版．北京：科学出版社，2017.